变电工程新造价指标及其值预测研究

王佼 著

U0210511

化学工业出版社

·北京·

内容简介

《变电工程新造价指标及其值预测研究》从实际工作出发,分别从变电工程静态造价控制与动态造价管理两个层面开展变电工程新造价指标构建方法及造价指标值预测模型研究,构建出变电工程新造价指标的同时,对其造价指标值进行科学预测,从而为提升变电工程建筑产品经济效益,满足电力工业内在发展的需求,促进国民经济良性发展提供思路。

本书适用于高等院校电力及工程造价相关专业的师生,亦可供从事电力工程造价工作的相关人员参考使用。

图书在版编目(CIP)数据

变电工程新造价指标及其值预测研究/王侁著.
—北京:化学工业出版社,2022.7
ISBN 978-7-122-41601-8

Ⅰ.①变… Ⅱ.①王… Ⅲ.①变电所-电力工程-工程造价 Ⅳ.① TM63

中国版本图书馆CIP数据核字(2022)第094989号

责任编辑:万忻欣
文字编辑:袁玉玉
责任校对:田睿涵
装帧设计:李子姮

出版发行:化学工业出版社
　　　　　(北京市东城区青年湖南街 13 号
　　　　　邮政编码 100011)
印　　装:北京天宇星印刷厂
850mm×1168mm　1/32　印张5¹/₂　　字数121千字
2022 年 9 月北京第 1 版第 1 次印刷

购书咨询:010-64518888
售后服务:010-64518899
网　址:http://www.cip.com.cn
凡购买本书,如有缺损质量问题,本社销售中心负责调换。

定　价:68.00元　　　　　　版权所有　违者必究

前言

随着经济建设的发展，加快、加强电网建设的需求越发强烈。为了更好地将我国建设成为资源节约型、环境友好型社会，对电网建设项目，尤其是作为电网建设主要项目之一的变电工程，提出了"精益化"管理要求。近年来，我国变电工程造价总额呈现不断上升趋势，而国家投入电网建设的资金数量有限，就需要进一步加强对变电工程造价的控制，尤其是急需解决我国变电工程前期估算造价不合理的问题，避免"概算超估算、预算超概算、决算超预算"的"三超"现象，减少工程投资浪费，达到有效控制变电工程造价、提高资金有效利用率的目的。过去传统的造价管理手段在当前复杂环境下已不适应新的要求，完善变电工程造价管理方法，系统建立科学的变电工程新造价指标及其值的预测模型，达成对变电工程造价全过程的精益化管理要求，则具有较高理论价值与较强实际意义。根据工程造价"精益化"管理要求，东北电力大学王佼课题组在"静态控制、动态管理"的输变电工程造价指标体系构建方面进行了一系列的立项研究，先后开展了国家电网有限公司输变电工程造价评价指标体系构建、国家电网有限公司华北电网输变电工程造价管控方法应用及造价预测模型建立、国网陕西省电力有限公司基于数据挖掘的电力工程造价相关技术探析等项目研究工作，通过大量的调查收集和研究分析，完成了变电工程造价新指标构建及对新指标的值开展预测研究工作，在此基础上，结合工程造价和电力系统的有关基本理论，著述本书。

本书共分为7章，通过梳理国内外相关研究文献，结合工程造价基础知识、工程造价基础理论、造价预测方法及模型的研究，揭示了变电工程静态造价新指标与动态造价新指标构建的必要性；研究了变电工程静态造价关键影响因素识别与分析方法，并基于关键影响因素构建出变电工程静态造价新指标；同时运用变电工程动态造价数据信息采集方法搜集有效数据，再基于造价指数内涵开展变电工程动态造价新指标构建模式研究。最后，分析了变电工程新造价指标的值预测研究必要性，以及提出联合变电工程动、静两类新造价指标控制造价的建议。另外，分别开展了变电工程静态造价新指标的值与动态造价新指标的值预测模型研究，通过相应仿真分析验证了本书所研究方法与模型的实效性。

本书具有以下特色：

① 具有新颖性和创造性。无论形式还是内容均有创新。

② 注重细节，内容系统深入，不泛泛而谈。

③ 具有高度的实务操作性。"立竿见影"、拿来即用。

④ 具有较强的行业性、针对性。本书结合电力工程造价特点著述，为变电工程造价管理人员"量身定做"，满足读者刚性需求。

本书可供电网公司、电力工程建设企业、电力工程管理专业人员以及电力技术经济及管理专业人员参考，也可供各高校相关专业的教师和研究生学习使用。

本项研究受到了相关课题项目大力资助，在此表示衷心的感谢！

囿于学识和科研经费等原因，书中难免存在不足之处，敬请读者批评指正。

著者

目录

第1章 变电工程造价研究概述   001

1.1 变电工程造价研究背景与研究意义   001
1.1.1 研究背景   001
1.1.2 研究意义   005

1.2 变电工程造价国内外研究现状   008
1.2.1 工程造价管理研究   008
1.2.2 变电工程造价指标研究   011
1.2.3 变电工程造价指标值预测研究   015
1.2.4 文献评述   021

第2章 变电工程造价基本概念和基础理论   025

2.1 基本概念   025
2.1.1 工程造价   025
2.1.2 变电工程造价及分类   027
2.1.3 造价的静态控制与动态管理内涵   028
2.1.4 造价指标与造价指数   029

2.2 基础理论   030
2.2.1 工程造价管理理论   030
2.2.2 全过程造价管理理论   036
2.2.3 组合预测理论   040

第3章 变电工程造价静态控制因素识别与筛选   043

3.1 静态造价主要影响因素分析方法   043
3.1.1 主成分分析（PCA）原理及步骤   044

3.1.2 多元线性回归分析（MLRA）原理及步骤 045

3.2 变电工程造价费用指标识别 046

3.2.1 变电工程静态造价构成费用样本 046

3.2.2 变电工程静态造价构成费用主成分分析 048

3.2.3 变电工程静态造价主要构成费用分解指标鱼骨图 054

3.3 变电工程静态造价关键影响因素筛选 056

3.3.1 变电工程静态造价影响因素样本分析 056

3.3.2 变电工程静态造价影响因素分类 057

3.3.3 变电工程静态造价关键影响因素回归分析 059

第4章 基于造价影响因素的变电工程静态造价新指标构建 065

4.1 变电工程静态造价新指标的构建原则及流程 065

4.1.1 变电工程静态造价新指标构建原则 065

4.1.2 变电工程静态造价新指标构建流程 067

4.2 以220kV变电工程为例构建静态造价新指标及其体系 069

4.2.1 构建变电工程静态造价新指标 069

4.2.2 组建变电工程静态造价新指标体系 071

4.3 220kV变电工程静态造价新指标检验及适用范围分析 072

4.3.1 220kV变电工程静态造价新指标检验 072

4.3.2 220kV变电工程静态造价新指标适用范围分析 075

第5章 变电工程造价动态管理指数系统建立 079

5.1 变电工程造价信息采集与分析 079

5.1.1 时间序列数据采集标准 079

5.1.2 工程造价信息的采集 080

5.1.3 数据采集的鉴别模型 083

5.2　变电工程动态造价指数构建模型　087
　　5.2.1　拉斯贝尔指数模型和派许指数模型　088
　　5.2.2　基于派氏模型的投入要素单项价格指数计算　090
　　5.2.3　基于权重分析的投入要素综合价格指数计算　091
　　5.2.4　基于权重分析的综合实体单位造价指数计算　092

5.3　变电工程动态造价指数系统组建　093
　　5.3.1　变电工程造价指数系统组建模式选择　093
　　5.3.2　组建变电工程动态造价指数系统　093

第6章　基于造价指数的变电工程动态造价
　　　　新指标构建　097

6.1　变电工程动态造价新指标构建流程　097

6.2　变电工程动态造价新指标及指标体系构建　098

6.3　变电工程动态造价新指标合理性分析　100
　　6.3.1　以220kV变电工程为例分析　100
　　6.3.2　变电工程总体平均动态造价趋势分析　108

第7章　变电工程造价指标值预测研究　111

7.1　变电工程造价指标值预测及指标联合控制造价建议　111
　　7.1.1　变电工程造价指标值预测必要性分析　111
　　7.1.2　变电工程静态造价新指标与动态造价新指标联合
　　　　　控制造价路线　112

7.2　变电工程静态造价指标值预测模型构建及仿真分析　114
　　7.2.1　静态造价新指标值预测仿真相关优化方法　115
　　7.2.2　基于GRA-PSO-SVR方法组合的静态造价新指标值
　　　　　预测模型构建　120
　　7.2.3　基于GRA-PSO-SVR组合模型的变电工程静态造价
　　　　　指标值预测仿真　122

7.3 变电工程动态造价指标值间接预测模型构建及仿真   129

7.3.1 动态造价指标值相关间接预测模型   130

7.3.2 灰色系统理论 GM（1,1）模型构建   131

7.3.3 基于 GM（1,1）模型的变电工程动态造价指标值
间接预测仿真   134

附录1 主要电气设备价格一览表   139

附录2 典型方案主要技术条件汇总表   144

附录3 基本模块、子模块汇总表   146

附录4 典型方案通用造价指标一览表   150

附录5 基本模块通用造价一览表   152

附录6 子模块通用造价一览表   155

参考文献   158

第1章
变电工程造价研究概述

1.1 变电工程造价研究背景与研究意义

1.1.1 研究背景

近年来，随着我国输、变电技术不断提高，电网建设速度大大加快，电网建设项目每年的投资规模巨大。以国家电网有限公司为例，如图 1-1 所示，从 2015 年起，国家电网投资规模走上 4500 亿台阶，达到了 4518 亿元；这之后，2016 年为4964.1 亿元，2017 年为 4853.6 亿元，2018 年为 4889.4 亿元。虽然 2019 年投资大体又回到了 2015 年的规模，但也达到了4473 亿元，同时，尽管 2020 年受到新冠疫情影响，其实际投资额也较 2019 年有所增加，达到了 4605 亿元。2021 年，实际投资金额增加到 4730 亿元，这跟我们国家较好地采取一系列控制疫情措施，为全社会生产生活有序恢复创造的有利条件密不可分。因此，不难预计作为国民经济基础性、先行性产业，电

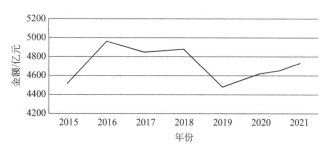

图1-1 国家电网有限公司实际建设投资趋势图

力工业投资规模将继续扩大。那么，作为电网建设主要项目之一的变电工程投资金额也将继续增加。

电网作为一项促进国民经济发展的重要基础设施，其建设状况会对国计民生产生重大影响。若要保证国民经济与生活稳步提升，就需要发展壮大我国的电力工业，就需要建设稳定而强大的电网。电网作为国家经济振兴与发展的血脉，不仅对电力工业自身发展有着直接影响，还对相关行业的其他领域产生巨大的波及效应（路妍，2016），所以国家近年来不断加大电网建设力度。电网建设项目主要包括输电建设工程（后文简称：输电工程）和变电站安装工程（后文简称：变电工程）等。其中输电工程和变电工程都具有技术难度高、建设周期长、投资规模大等特点。然而，经过多年改革与发展，我国在电力项目工程建设方面已形成了一套较为可行的、系统的工程造价管理体系，同时出台了一系列造价管理文件，如《电力工业基本建设预算管理制度及规定（2002年版）》《电网工程建设预算编制与计算标准》等，为各地各类电力工程设计概算和预算的编制提供了基础依据。21世纪，我国结合市场经济形势，又颁布了《电力建设工程量清单计价规范》《电网工程限额设计控制指标（2020年水平）》等，用于确定电力工程招投标合同价格、设计阶段概算，以及施工阶段预算等。国家出台的这一系列造价管理规范，提升了我国电网工程造价管理水平，保证了我国电网建设乃至整个电力工业的健康发展。

变电工程建设及输电工程同属于电网建设的重要组成部分，鉴于变电工程建设一般具有项目涉及领域较广、投资金额巨大、造价影响因素复杂等特征，如何有效管控变电工程建设的造价，提高资源利用效率，降低或避免投资浪费，让电力资源得到优化配置，已成为一道关乎电网建设的难题。因此，如

变电工程新造价指标及
其值预测研究

何获得合理的变电工程造价前期投资决策阶段估算造价，已成为国家电网公司变电工程建设中亟待解决的问题，不仅关乎变电工程后期设计阶段概算造价、招投标阶段合同价格、施工阶段预算造价，以及竣工阶段结算与决算造价的有效控制，还关乎电网公司自身经济效益和未来发展。

然而，随着我国电网建设领域内变电工程新技术的不断应用，造价方案多样化、建设环境复杂化，以往变电工程造价前期管控方法暴露出一些问题（王玲等，2020）。首先，仅仅采用单位容量造价指标（万元/MV·A）用于变电工程静态造价确定与控制时，由于这一造价指标作为静态造价水平综合性反映指标，仅考虑变电站主变压器容量，而没有考虑剩余变电容量等其他影响因素，现已不能客观、准确地反映出相同或相近年份内变电工程个体间静态造价实际水平（王佼等，2016）。用这一造价指标对变电工程个体间静态造价水平进行比较时，经常出现工程单位造价分布结果离散性较大的情况，说明其统计结果普遍代表性不强，说服力较弱（参见图1-2）。随着当前变电工程技术日益复杂化，若仅仅采用变电工程单位主变电容量静态

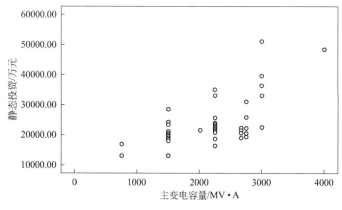

图1-2　变电工程投资分布散点图

造价指标对工程建设前期进行估算，同时以此估算控制工程后续阶段所形成的造价，那么会导致最终形成的整体静态造价因为缺乏对变电工程物理性能等的全面反映，使变电工程静态造价管控效果大打折扣。因此，有必要重新构建变电工程静态造价新指标并在其值预测方面开展系统、深入的研究。

其次，由于变电工程施工期少则 1～3 年，多则 4～6 年甚至更长，在当前的市场经济形势下，变电工程的建设材料与安装设备价格的波动幅度增加，这就要求建设项目实施期的造价管理体系必须相应随之调整。但是当前我国大型建筑工程造价指数由于受到工程造价传统管理模式（即定额，量价合一模式）的影响（夏华丽等，2016），相关领域的工程造价指数编制与发布工作仍处于初始阶段。在全国范围内，尽管一些地区其他大型建筑领域率先实施造价指数编制与发布工作，但相关后续辅助工作的开展却仍然缓慢，大部分地区造价管理部门仍未对相应造价指数编制工作给予足够重视（孙霄，2013）。目前我国仍没有一套科学、完善且针对连续年度间变电工程总体平均动态造价及其变化趋势进行有效动态管理的方法体系。刘尚科等（2019）选择主变压器为 750kV 的变电站为重点研究对象，进行全生命周期成本分析，运用全生命周期造价管理理论进行方案比选，提出全生命周期管理提升举措，从而使 750kV 变电站工程全生命周期造价管理得到优化，为全生命周期分析方法在变电站建设中的推广应用提供参考，但没有从变电工程造价指数角度进行系统研究，从而无法对变电工程造价变化趋势进行合理预测。因此，本书有必要借助造价指数这一动态造价管理工具，对变电工程动态造价新指标的构建及其造价值预测方面开展系统、深入的研究。

最后，目前在我国变电工程造价预测研究领域，相关专家和学者多从工程静态造价总额预测方面，采用各种预测方法或模型进行造价估算，虽然在一定程度上均取得了一些成果，但是无论是基于统计学、模糊数学原理的预测模型，还是人工神经网络、支持向量机等智能预测模型，单一的预测模型总是存在一些固有缺陷，有一定的适用范围和条件，没有哪一个模型在预测时能够保证绝对好的性能指标（乔慧婷等，2021）。组合模型能从不同的视角、不同的模型得到系统各不相同的信息，相互取长补短后，能够改善模型预测的精确度和稳定性。因此，本书将对基于相同年度内变电工程"横向"造价数据所构建的静态造价新指标开展指标值直接预测的组合模型研究；对基于连续年度间变电工程"纵向"造价数据所构建的动态造价指标开展指标值间接预测的时间序列模型研究，即先对变电工程造价指数进行预测，然后通过造价指数测算出动态造价指标值，最后通过相应时间序列数据预测模型对变电工程动态造价指标值进行高效预测。通过对变电工程造价新指标的值预测研究，构建静态造价新指标值的预测组合模型和动态造价新指标值的灰色理论预测模型，从而有效发挥经本研究所构建的变电工程新造价指标对于待建设变电工程造价合理确定与有效控制的作用，避免变电工程造价"三超"现象，减少电网公司投资浪费，提高变电工程建设的投资效率（王佼等，2020）。

1.1.2 研究意义

变电工程新造价指标构建及其值预测研究能够适应当前国家提出的电网建设工程"精益化"管理要求（WANG J，2020）。精准控制与高效预测，不但可以为已竣工工程提供良好造价分析与评价平台，而且有利于待建设工程的造价快速估算及后期工程造价控制，在全面考虑变电建设安全运营性能的同时，避免工程投资浪费，达到降低工程成本、加速电力工业良性发展的目的。本书通过构建变电工程新造价指标（即：静态造价新指标、动态造价新指标），以及造价预测模型，创新工程造价动态管理方法，全面提升变电工程造价"静态控制、动态管理"水平。这项研究不但具有较强的理论意义，还具有较强的现实意义。

（1）理论意义

① 通过梳理并分析工程造价管理理论，使得本书关于变电工程新造价指标及其值预测模型的构建研究具有坚实的理论基础。以清晰的理论为指导，开展变电工程静态造价新指标构建、动态造价指数系统建立及基于指数构建变电工程动态造价新指标。另外，基于构建的变电工程造价新指标，开展造价指标值的预测模型研究等，为变电工程造价控制、决策优化等造价管理工作提供理论依据。

② 通过度量与测算影响因素与造价之间的关系、影响因素之间的关系，结合变电工程造价的形成机理，研究发现影响因素在造价过程中的变化规律（路妍，2016），为变电工程新造价指标及其值预测提供研究基础。

③ 以全过程造价"静态控制、动态管理"为目标，融合历史数据挖掘技术与影响因素识别，构建造价指数系统，并利用造价指数这一动态造价管理工具，为变电工程造价科学、合理、快速地预测提供数据与技术支持，为变电工程的全面造价动态管控技术体系的构建奠定基础。

（2）现实意义

① 构建变电工程静态造价新指标，即分别建立、建全变电工程新造价指标体系。结合变电工程造价实际情况，综合考虑影响工程造价的关键因素，构建变电工程静态造价新指标模

变电工程新造价指标及
其值预测研究

型，对原有的传统造价指标进行补充和完善，以期建立反映变电工程造价规律、更为合理的变电工程静态造价新指标体系，使得相同或相似年度的工程造价具有可比性，为变电工程造价分析及评价提供良好的基准和平台。

② 构建变电工程动态造价新指标。通过合理方法设计出变电工程造价指数，不仅可以弱化造价随价格变化而变化的程度，还能将电建市场中生产力发展水平与供求关系正确地反映出来，同时对其变化幅度与趋势作出快速的反应。政府及工程建设相关造价管理部门可通过工程造价指数掌握宏观经济的走势，便于相关决策部门快速地对工程项目的投资进行动态估算，又可为工程项目概预算、工程量清单计价以及工程价款结算工作，提供具体的指导及参考。同时通过测算造价指数获得动态造价新指标来反映连续年度间变电工程总体平均动态造价水平，将变电工程个体动态造价有效控制在合理范围内。

③ 结合变电工程造价历史数据信息，通过对数据分别进行预处理、分类学习，以及聚类分析等环节，针对变电工程静态造价和动态造价分别建立两套准确、系统、快速的新造价指标的值预测模型（即：GRA-PSO-SVR 预测模型和灰色系统预测模型）。这两套模型分别针对非时间序列数据与时间序列数据的变电工程造价样本进行高效预测，不仅可以在项目建设前期可行性研究阶段，使投资方对新建工程的造价进行准确估算，还可以为投资方决策时提供科学依据；不仅可以在初步设计阶段使得审查人员对概算进行快速、合理审查，还可以在招投标阶段使得项目施工单位快速确定其自企业的报价，使其报价策略最优化的同时提高中标概率。因此，本书关于工程造价快速估算方法及预测模型的研究具有重要的现实意义。

总之，本书在理论研究与方法应用方面能够较为全面、深入地完善变电工程造价指标，为变电工程造价控制及预测、决策优化等造价管理工作提供理论依据与技术支撑；在实际应用方面，能够使得电网企业对变电工程建设项目投资成本进行合理预测与有效控制，从而通过全面提升变电工程造价"静态控制、动态管理"水平，提高电网企业综合投资经济效益。此外，本书所采用的造价管控方法及模型不仅对电网建设领域中的变电工程具有实际应用价值，而且对其他大型类似建筑工程的造价分析和管控同样有借鉴意义。

1.2 变电工程造价国内外研究现状

1.2.1 工程造价管理研究

为了防止工程项目建设全过程中任何一个阶段造价管理缺失现象的出现，就需要在工程建设前期对造价进行合理确定，从而为建设工程项目全过程造价的有效管理奠定基础。近年来，国内外相关领域专家、学者对工程造价理论及造价管控方法展开了一系列研究。YE X L（2011）采用 ABC 分析法，并运用 EVA 模型对建设工程项目的造价进行了分析。CHEUNGA F K T 等（2006）以挪威建设项目为例，开展了针对 31 个样本工程的造价分析，并提出了有效控制造价的方式，通过采用交叉验证手段，建立了工程造价分析与控制模型。WEN Z（2014）主要研究工程造价信息管理系统，以提高工程造价管理水平。GANIYU A Y 等（2012）为了加强建设工程造价管理，对构成工程造价的费用进行研究，并提出相应的管控方法。EMBLEMSVÅG J（2003）采用蒙特卡洛模拟技术对工程造价进行预测与管控。聂振龙（2020）比较研究了我国和国际通行的建设工程造价管理的差异，有助于我国建筑业走向国际化。以英国工料测量师造价管理为参照，比较我国与之在造价组成、造价确定程序、造价投资控制机制等方面的差异，并从提高项目设计深度和精度方面提高造价管理信息化水平。AL-JIBOURI S H（2003）通过分析工程造价与监测系统的有效控制问题，指出了国际工程造价管理领域未来的管理方向。

同世界发达国家相比，我国工程项目造价方面的研究工作开展得较晚，导致我国工程造价管理水平较发达国家落后。目前，我国仍然沿用计划经济时期的标准定额造价管理办法，该方法源于苏联。定额计价模式固化了价格因素，而价格因素恰恰是工程招投标阶段竞争报价中最活跃的因素，由此导致定额计价模式不能完全符合我国现今的市场经济发展要求，其造价管理效果也不尽如人意，不能满足我国当前对外开放的需求。针对这一问题，国家出台《建设工程造价管理办法》、《建设工程工程量清单计价规范》等造价管理文件，进一步指导和加强我国建筑工程造价管理工作，弥补传统定额计价模式在工程实际应用中的不足。为了更好地适应市场经济变化，国内相关专家、学者针对我国造价管理模式开展了一定研究。马忠苗（2010）通过比较工程量清单计价与标准定额计价两种模式在造价管理内容、特点等方面的区别，较为全面地揭示了实施工程量计价清单的意义，并指出运用工程量计价清单方法进行造价管理时应该注意的问题。由于在清单计价模式下，竣工的工程量往往与招投标的工程量存在差异，因此，针对建设工程各阶段造价管理存在的问题，有必要通过深入研究工程造价管理活动在清单计价模式下的效果，建立工程造价清单计价模式管理体系（王绵斌等，2012）。但是，由于种种原因，目前清单计价模式在我国还没得到广泛的应用，最终导致我国造价管理领域出现了定额计价与清单计价两种模式并存的局面。

20 世纪末期，随着全面造价管理（TCM）理论的问世，国际工程造价管理领域的专家、学者纷纷对其进行研究。全面造价管理是指运用全面的造价管理手段与方法，对建设工程项目投入的全部资源进行全要素造价管理、全团队造价管理、全过程造价管理、全生命周期造价管理和全风险造价管理（张毓萍，2010）。马力（2018）指出工程项目有时存在决算拖延或不及时，以及决算率较低等问题，所以有必要通过分析相应项目建设的全过程造价，提出以全过程造价管理和全面造价管理理论为基础的造价管理体系，并利用合理的造价确定方法，对该项目投资进行管控。房芳等（2020）从"新基建"工程的范围与发展趋势出发，分析"新基建"工程与造价管理存在紧密联系的四个主要特点，指出传统工程造价管理制度在"新基建"工程的适用方面存在难以准确计量、难以准确计价、难以形成有效竞争、模块化设备计价对总价影响大等四个难点，提出构建指标化工程造价体系、推广项目全生命周期造价管理理念。张红标等（2021）基于战略成本管理及"物理－事理－人理"系统方法论，回顾、总结我国工程造价管理历史，观察、展望现代工程造价管理境况及发展，提出我国工程造价管理 1.0、2.0、3.0 发展层级与型式。徐憬怡（2016）针对当下工程项目"概算超估算、预算超概算、决算超预算"的"三超"现象，认为电网工程造价管理中的一项重要内容，即变电工程造价合理确定及有效控制应该贯穿于项目建设的全过程。

国内外专家、学者针对变电工程造价展开了一些研究。黄慧芳等（2009）针对我国电网建设工程造价管控水平较低的问题，较为细致深入地对工程造价管理中存在的主要问题进行了分析，提出全过程控制造价的可行方案与实施方法。梁跃清（2010）针对电网工程的全生命周期造价管理展开研究，依据全生命周期造价管理理论，从规划项目阶段到设计阶段，从施工阶段到招标采购阶段，从工程竣工验收阶段到投产运行及维护阶段，全方位、多角度地探讨了降低电网工程造价的方法与途径。SHAO Y G 等（2014）结合经济与社会因素对变电站造价管理的现状开展研究，提出了一些施工阶段造价管理方面的措施，并指出变电工程造价管理由不同部门共同负责，即被孤立分割，无统一的造价责任管控主体，导致造价难以控制。GHARAIBEH H M（2013）为了控制变电工程造价超支现象，运用德尔菲法确定工程造价管理中存在的主要问题，并吸取历史工程建设中的经验，提出了针对变电工程造价的管控措施。崔金栋等（2018）针对智慧经济园区电网工程造价指标多、差异大、难估算的现状，提出一种基于大数据的智慧经济园区主配网规划投资预算、核算和分析评估方法。温艳芳（2020）分析电网工程造价控制与管理的作用、意义，找出电网工程造价管理中所存在的问题，并进行针对性研究，提出了切实可行的解决措施，为提升电网建设工程经济效益提供新途径。

1.2.2　变电工程造价指标研究

近年来，随着我国经济建设步伐加快，国家针对电网工程建设提出了精益化管理要求，对电网工程造价开展科学有效的管理，达到不断提高工程质量的同时，大幅度降低工程造价成本的目标（孙永彦等，2017）。国内外专家、学者针对电网工程造价管控展开了一些研究。

由于电网建设投资中变电工程投资比重较大，那么如何解决变电工程造价合理确定与有效控制问题，对于提升我国变电工程造价管理水平显得尤为重要。国内相关专家、学者基于造价内、外部环境中不确定因素的特点，结合我国输变电工程造价自身较为复杂的特性，对输变电工程造价指标开展了一系列研究（王佼等，2016）。但研究大多集中在输电工程静态造价指标设计与构建方面，少数文献的研究涉及输电工程动态造价指标研究，而针对变电工程开展的相关研究更是有限。因此，本书将借鉴输电工程造价指标研究思路，对涉及电网工程中输电或变电在静态造价和动态造价两个方面开展指标研究的相关文献作统一梳理。

随着当前电网工程投资规模的不断扩大，影响电网工程造价的因素呈现复杂化、多样化、波动性等特点，为了实现造价管理全过程全面控制，就必须全面加强对造价不确定性影响因素的系统识别与分析，从而实现对造价动态管理。ZHAO Z Y 等（2010）针对输电工程造价，在设计层面上识别出气象条件、走廊（或路径）、塔高及塔型、导线型号、基础优化等造价影响因素，并在设计层面对上述因素加以分析，最后筛选出设计阶段工程造价主要影响因素作为造价指标设计基础因素。卢艳超等（2012）认为电网工程造价不仅受工程内部因素影响，同时还随着外部环境的变化而变化。王佼（2012）从输电技术与自然环境方面研究输电工程造价影响因素，以国家电网有限公司系统内近年已竣工并运行的架空输电线路工程为样本，利用敏感性分析等定量方法，筛选出输送容量、杆路长度、线材价格、塔材价格、覆冰、风速、地形综合系数等为输电工程造价主要影响因素，并将其作为静态造价指标构建的基础。LIU J 等（2014）通过斯皮尔曼相关系数来度量造价影响因素对造价影响的程度，并运用蒙特卡洛技术对架空输电线路样本开展模拟，筛选出主要影响架空输电线路工程造价的因素，最后通过

变电工程新造价指标及
其值预测研究

对 500kV 输电线路工程造价样本分析，确定运行长度、输送容量、电缆能耗等指标为 500kV 输电线路工程造价主要技术影响因素，并以主要技术影响因素为基础构建出输电工程静态造价技术指标。

ZHAO Z Y 等（2010）采用问卷调查法，分别对工程项目投资方的管理者、设计公司的设计师、施工承包商及监理人员进行问卷调查，对输电线路工程造价的主要因素进行全面采集，运用回归技术对造价影响因素展开分析，为组建输电线路工程造价影响因素库和为相关造价管理人员对造价进行科学分析及有效控制输电工程造价提供技术支持。刘绮（2007）通过对已建工程造价各阶段的科学、系统分析，结合定额开展造价指标设计，避免待建设工程造价出现偏差，提升输电工程造价预测及控制水平，但所构建的造价指标不适于工程建设前期造价估算。赵振宇等（2008）选取 30 个新建架空输电线路工程造价样本，数据信息均来源于内蒙古自治区巴彦淖尔市农村电网系统。首先，采用 ABC 分析法初步识别出造价影响因素，通过因子分析技术将初识影响因素降维。其次，对影响因素进行独立性检验，筛选出造价独立影响因素。再次，将这些独立影响因素线材量和塔材量设计进造价指标中，虽然通过实例分析，验证造价新指标的性能在一定程度上高于造价传统指标，但由于 ABC 分析所得的造价影响因素客观性较弱，以及指标设计过程中主观性较强，所以所构建的新造价指标推广性不足。

王佼等（2008）提取某地区 500kV 架空输电线路工程数据为样本，参照输电线路工程单位长度造价指标的设计形式，全面考虑工程造价的关键影响因素，并以这个传统造价指标为基础，建立一系列输电工程静态造价新指标，在一定程度上弥补了传统的造价指标的不足，但该系列造价指标主要适于相同或相近年度内输电工程个体间静态造价控制，不适于对不同年度间输电工程总体平均造价及其变化趋势进行动态控制与分析，所构建的造价指标存在局限性。张妍等（2017）以国家电网有限公司输电技改工程数据为样本，采用因子分析对输电技改工程造价的构成费用进行分析，并计算各单位工程费用同单项工程造价的关联系数。然后，应用PCA法对各单位工程费用因子的重要程度进行排序，为提升我国交流输电技改工程造价控制工作提供参考，但是对如何构建输电工程造价指标未展开更深入研究。王佼（2013）以30个500kV变电工程为样本，利用帕累托分析法对变电工程主要费用进行分析，将主要费用分解到相应专业技术指标上，然后应用梳理统计软件SPSS对造价影响因素指标进行t检验和敏感性分析，从而筛选出主变电总容量、无功补偿容量、高压侧出线回路数、高抗容量4个指标为工程造价主要影响因素，并选取15个工程样本进行检验以确保结论的准确性。

康久兴等（2011）通过识别与梳理主要影响变电站工程造价的因素及它们之间层次关系，进而确定变电站工程造价的关键影响因素，并以16个主要影响变电站工程造价的因素及它们之间的关系为基础，构建了造价影响因素的意识模型，从而更直观地探究这些造价影响因素之间的关系。LI H M等（2017）通过高维小样本变电工程造价数据的分析，对变电工程造价的主要影响因素进行了识别，并通过选择合理的模型，对待建设变电工程造价进行科学的预测分析。余涛等（2019）基于宁夏境内特高压直流输电线路工程输变电设备管理维护现状，通过采用跨平台、跨部门数据融合方法获取宁夏电网运行、设备状态、环境气象等大数据，构建多源信息综合分析系统，实现工程施工建设设计方案、施工进度实时管控融通。刘文军

变电工程新造价指标及
其值预测研究

等（2018）选取了部分 500kV 电压等级的架空输电线路工程的历史造价数据，开展造价影响因素的样本分析，发现丘陵、山地、河网沼泽等地形地貌，线路架设方式，气象条件，以及其他费用等因素都对其工程造价影响比较大，主要分析了输电工程造价影响因素，但是未对造价指标构建开展进一步研究。

目前国内输电工程造价指标设计及构建多采用定性的因素分析技术开展相应造价静态控制，而很少涉及输电工程造价动态控制，且针对变电工程造价指标研究的文献更少。李敬如等（2010）针对输变电工程造价分析中无法兼顾工程建设造价总体水平与年度之间指标可比性的问题开展研究，提出反映输变电工程总体变化趋势的电网工程综合造价指数。陈洁等（2016）通过项目分类、重构造价影响因素，建立指数系统来解决造价合理性评价结果无法量化评分的问题。周圣栋等（2019）通过应用互联网、大数据、物联网等与建设进程相结合的办法，建立了整个变电站精细真实的数字信息模型。按施工管控步骤分解，实现模型按照工程甘特图进度建造增长。但是上述研究对工程造价指数系统的确立模式与方法未作系统、深入的探讨。因此，本书有必要系统、深入、全面地对变电工程造价开展"静态控制、动态管理"的新造价指标构建研究。

1.2.3 变电工程造价指标值预测研究

以往变电工程造价方案的建立是通过工程概预算定额方式来实现的，但是由于变电工程概预算定额非常有限，所以随着变电工程建筑工艺与技术更新换代周期缩短，需要概预算定额在实际执行中不断发展变化。然而，通常我国发布的电力工程概预算定额每两年或三年才重新调整一次，导致工程审查阶段的设计概算难以达到理想目标（耿鹏云等，2018），从而使施工预算严重超支出。因此，建立一系列科学有效的变电工程造价指标值预测模型，在变电工程建设前期阶段对工程造价进行合理确定，对建设阶段后期造价有效控制至关重要。本书对我国待建设变电工程造价指标值的预测研究，实质就是通过对相应新造价指标的值及造价指数预测来合理确定变电工程造价水平及造价变化趋势，并将此预测结果作为变电工程全过程各阶段造价控制的依据和造价政策制定的重要参考。因此，下面将对造价预测方面的相关研究文献进行梳理，从而为解决以往变电工程造价指标在实际应用方面的低效问题提供有益思路。

20世纪80年代，我国工程造价领域相关专家、学者开始依据模糊数学理论，应用模糊数学方法对工程造价进行预测仿真。引进"贴近度"概念与相关造价分析方法，以相关历史工程造价为辅助参考资料，对工程造价开展分析。随着多年来这些方法及模型不断完善与发展，其应用领域也不断扩展。提取并分析历史建设工程项目的造价数据资料，充分利用工程造价特征信息，通过模糊估算模型对工程造价进行模糊预测，并对预测结果进行模糊评价，结合实际电网工程情况，依据模糊数学理论，建立隶属函数模型，采用贴近度分析方法，将待建设工程与历史数据库中已竣工的类似工程作比较，进而将待建设工程造价指标值预测出来。通过实例分析发现，该方法应用到电网工程造价预测方面能够取得良好的效果。

20世纪90年代后，随着计算机技术应用和互联网的发展，国内外专家、学者开始在工程领域探索各种造价预测仿真模型，如人工神经网络（ANN）、遗传算法（GA）等人工智能技术，以及灰色系统理论等。如英、美等发达国家，首先通过搜集、汇总、整理与分析大量已竣工的工程历史造价数据，运用数据挖掘技术对样本工程数据进行研究，然后在此研究基础上构建人工智能管理系统。其次，利用该造价管理系统对工程样本数据进一步研究并获取较为科学、合理的分析结果。最后，用这个及时而有效的信息指导与控制待建工程造价，从而有效地提升工程造价管理水平（彭光金，2010）。

其中，人工神经网络算法，是一种具有自适应、自学习能力的智能算法，它通过对人类神经网络的行为特征的模仿，对信息进行必要的处理与适当的加工，从而获取有效的信息分析结果。任宏等（2005）以深圳市已竣工的典型工程造价数据资料为例，通过学习自适应调整策略，并利用动量法对 BP 神经网络进行改进，使用 MATLAB 软件对该工程的工程量与工程造价进行估算，估算结果与实际数据偏差不大，说明改进的 BP 神经网络模型具有一定应用价值。凌云鹏等（2012）结合电网工程造价自身特点，依据神经网络的原理建立了基于神经网络的工程造价估算模型，并将该模型在电网工程中具体应用，最终证明了该模型在电网工程造价合理性确定方面具有较高的实用价值。梁喜等（2017）为了说明模糊类比法经过人工神经网络算法的改进，能够更好地满足工程项目初期造价估算的要求，通过改进模型在实际工程造价预测中的应用，发现该模型能够充分利用历史工程造价信息，通过仿真分析，最终证明经过神经网络算法改进的模糊类比模型对工程投资估算效果更佳。孙安黎等（2018）鉴于电网工程投资决策阶段方案比选时造价估算偏差较大，采用 BP 神经网络算法针对少量造价信息构建电网工程造价预测模型，并提取实际工程数据进行仿真分析，获得较为准确的工程造价预测值，说明 BP 神经网络算法适宜工程前期方案比选。

一些学者采用支持向量机（SVM）智能算法开展工程造价

预测仿真研究。该算法在模式识别领域得到最初的应用。然而，20世纪90年代，神经网络（ANN）、遗传算法（GA）等智能模型已被广泛应用，但是其模型自身具有局限性，如在实际样本分析中容易陷入局部最优化（于志恒，2016），而支持向量机技术能够较好地解决局部最优化问题，一些学者认为支持向量回归（SVR）在提取原始指标的信息量方面具有显著优势，应将其推广到电力工程造价前期估算方面，使电力工程造价前期管控水平得以提升。支持向量机是基于统计学习理论进行模式识别的技术，其针对高维、非线性的小样本处理具有明显优势，还可通过与其他类型的算法结合使用，从而大大提升其解决电网工程建设领域小样本工程造价预测方面问题的能力（韦俊涛，2009），提升电网工程造价预测精确度。俞集辉等（2009）为了进一步完善SVM模型，构建LS-SVM（最小二乘－支持向量机）模型，并将其应用在输电工程造价预测及控制方面，通过采用LS-SVM模型与神经网络对相同样本进行造价前期估算，发现前者预测效果明显优于后者，并以此预测结果作为待建设工程造价控制指标，从而有效提升了造价全过程控制水平。安磊等（2016）针对高维小样本情况下的电网工程造价预测问题，首先采用随机森林数据挖掘技术，对工程造价相关属性进行降维处理，然后将Mean Decrease Gini指数超过50的7个因素作为支持向量回归机预测模型的输入变量，并对电网工程造价进行预测，最终获得了较为理想的电网工程造价预测结果，可以为电网工程造价审核与控制提供参考。刘良等（2020）建立基于Salp Swarm Algorithm最小二乘－支持向量机（SSA-LS-SVM）的变电站LCC预测模型，并运用实际变电站数据验证了模型的有效性。肖立华等（2021）针对电网工程量清单计价方法中，综合单价计价基础不合理、确定流程烦琐、

变电工程新造价指标及
其值预测研究

调整不科学等问题，提出了一种基于机器学习算法的综合单价预测模型。通过研究电网工程量清单的计价规则以及综合单价的组成成分，分析了综合单价的影响因素，建立了基于决策树的随机森林模型，并在市场价格波动的情况下对综合单价实现预测。

另外，一些学者以实际工程造价数据为样本，通过灰色预测模型对造价时间序列样本进行预测分析，也取得了较为理想的预测结果。LESTER A（2016）对比分析了某国工程造价的内、外部构成，从造价管理的组织结构入手，对建设工程结构进行较为细致、全面的分析，然后筛选出主要导致该国变电工程造价差异的内外部影响因素，通过对近年来普遍使用的各种造价预测仿真方法的比较分析，决定以灰色预测理论为基础，并依据样本特征，采用 GM（1,1）或 GM（1,N）灰色系统预测模型，选取该国西部某城市近年来的变电工程造价历史数据进行了造价预测仿真分析，取得了较好的预测效果。刘思聪等（2018）通过降低新建电力工程的结余率，提升电力工程造价准确度。考虑电力工程中各单项工程费用的实际变化率，采用一种改进的 GM（1,1）模型，并提出了基于权重系数的敏感性分析方法，对电力工程造价中敏感性程度较高的两项进行了仿真分析。最终结果表明，改进的 GM（1,1）模型较常规 GM（1,1）模型造价预测效果更佳，同时指出基于权重系数的敏感性分析方法也有较高的实用价值，能为相关工程造价决策人员在造价确定与控制方面提供有益参考。

还有一些学者在电力工程造价事前预测方面，主要采用数理统计方法。LI F P 等（2013）采用时间序列模型；王丹（2014）采用马尔科夫链预测模型；SHAHANDASHTI S M 等（2013）采用多元回归分析模型等数理统计模型，对未来电力工程造价指数及其变化趋势进行预判，取得了较及时的、客观的结果。LI W Q 等（2013）分别将回归预测技术、类比分析方法以及神经网络技术应用到非时间序列样本中，对工程造价进行预测，最终证明了回归预测模型预测效果更佳。LI F P 等（2013）为了完善当前工程造价概算指标性能，选取 20 个电网工程的造价数据样本，采用相关性分析方法，提取独立性造价影响因素，并将它们设计进新的造价指标中，进而更好地预测与控制电网工程未来造价。HWANG S（2011）对如何更好地在工程造价预测领域应用时间序列模型展开了较为深入的研究。王绵斌等（2020）构建了一个基于正交偏最小二乘法（OPLS）变电站的 LCC 费用预测模型，并通过变量投影重要性进一步优化预测模型，可实现对变电站 LCC 的高效估算。

　　同时，近些年来电力工程造价预测领域相关专家、学者为提高造价预测的精度，对一些混合造价预测模型展开了一系列研究。KONG F 等（2008）比较分析了支持向量机、神经网络及粗糙集的应用原理，认为经过粗糙集改进后的支持向量机模型与神经网络模型，应用到工程造价估算方面效果更理想，并均通过仿真分析不约而同地验证了这一观点。杨永明等（2013）通过混合模型的原理研究与实例仿真分析，将经过灰色关联分析（GRA）提取的造价主要影响因素，导入 BP 神经网络模型中，再对造价进行预测，能够达到较高的预测精度。王佼（2018）首先利用灰色关联分析法（GRA）针对输电工程造价非时间序列样本进行数据挖掘，将造价影响因素作定量化分析，从而避免了定性分析所导致的预测结果主观性过强、客观性不够等问题；其次，采用基于粒子群改进的支持向量回归机（PSO-SVR）混合算法，该算法既能优化 SVR 参数，提升模型预测精确度，又能避免遗传算法（GA）优化中复杂参数设置的问题；最终，构建出 GRA-PSO-SVR 方法优化组合预测模型，并通过仿真结果对比分析进一步验证了 GRA-PSO-SVR 组合模型更适于我国电网变电工程静态造价指标值应用预测。

1.2.4　文献评述

通过归纳电网工程造价管理领域文献，梳理输、变电工程造价指标构建、造价指标值预测相关领域研究文献，发现国内外专家、学者虽然在相应领域进行了一些探索和研究，但仍存在有待完善之处，具体表现如下。

首先，在基于造价影响因素构建造价指标研究方面，多数文献采用定性方法或凭借造价经验选取造价影响因素，导致基于这些因素构建的造价指标主观性太强，利用这些造价指标在衡量实际工程造价水平时缺乏客观性。同时发现以往文献对于相关变电工程造价影响因素分析的内容既涉及微观层面因素，如项目所处自然环境、工程设计水平、电网设备选型等，又涉及宏观层面因素，如市场状况、国家政策以及世界政治环境等，可见影响我国变电工程造价的因素繁多且复杂。然而，目前国内外针对变电工程造价影响因素研究，并能以造价影响因素为基础开展的静态造价指标管控方法及造价指标值预测模型的研究较少，而且多集中在单项费用层面或单一阶段造价管理层面，还没有结合自然环境、综合技术以及经济等多方面因素建立较为客观、合理、科学的造价影响因素库，也没有对造价影响因素的产生机理进行深入分析，更没有系统、全面地测量影响因素对造价的影响程度，因此，无法准确、充分地利用造价影响因素构建出合理的造价指标，也就无法对变电工程造价进行客观、科学的管控。

其次，鉴于目前变电工程造价传统指标的应用在静态造价管控方面效果不理想，发现以往采用变电工程造价传统指标在衡量变电工程间个体静态造价方面，会存在结果离散性大、统计结果缺乏普遍代表性和说服力不强等问题。在实际变电工程造价管控时，经常出现工程建设后期造价明显超支建设前期造价情况，最终导致变电工程投资巨大浪费。同时通过文献研究发现，目前国内对这部分研究主要是以历史变电工程静态造价数据为基础，开展静态造价指标设计及构建研究。但是，在这部分研究中没有给出造价影响因素对造价本身影响程度的数量关系。随着我国电网建设日益复杂，造价影响因素愈来愈多，除了受到自身建设技术因素影响外，还易受到地域、气候等自然环境因素，以及价格等经济因素的影响，导致以往所构建的变电工程造价指标在实际工程管控与预测时要求条件较为苛刻，一旦条件发生变化，造价管控水平将大打折扣，不能对变电工程静态造价水平有效控制。

我国关于变电工程动态造价控制研究方面较少，而且对变电工程动态造价指标构建研究方面的文献更少。本书结合国内外其他大型工程建设领域的动态造价指标方面研究成果，结合我国变电工程动态造价特点，采用指数法构建变电工程造价指数并建立造价指数系统，再经过系统中对应造价指数测算获得相关变电工程动态造价新指标，并应用于变电工程动态造价管控方面。因此，本书对变电工程造价指数的国内外研究文献进行了梳理，发现部分学者从造价指数角度提出了对变电工程造价指数构建的一些观点，然而对如何具体构建具有系统性与可操作性的变电工程造价指数体系未作深入研究，特别是如何确立变电工程造价指数模型，并以此为基础构建变电工程动态造价新指标，以及对连续年度间变电工程总体平均动态造价和其变化趋势进行预判等未作较为系统、深入的研究。

变电工程新造价指标及
其值预测研究

最后，笔者发现以往文献对于变电工程造价指标值预测多选择单一预测模型开展造价预测。然而，一旦预测模型的仿真条件发生变化，将导致最终预测结果精确度低、稳定性差。通过对变电工程造价预测领域相关文献的研究，发现无论是基于统计学、模糊数学原理，还是人工神经网络、支持向量机等智能预测模型，任何单一预测模型都有着自身的优点和缺点。支持向量机算法虽然能够较好地解决小样本、高维数、非线性，以及局部最优化等实际问题，但针对电力工程造价预测的特殊性，单一利用支持向量回归机建模进行造价预测时，由于该模型参数设置存在盲目性，将导致预测误差加大（NIU D X et al. 2014）。然而，在电力工程造价预测方面，如果采用单一的 BP 神经网络，由于其需要大量的训练样本数据，所以网络模型训练时间较长，从而容易导致预测记过，出现局部最优化的情况（王佼等，2016）。而优化后的模型或组合模型，由于可以从不同的视角、不同的模型得到系统各不相同的信息，通过优化方法或预测模型间相互取长补短，能够改善单一模型预测的精确度和稳定性。但是不恰当的方法优化组合或预测模型组合，在实际应用过程中也存在一些问题，GA-SVR 模型虽然可以在一定程度上对 SVR 模型的参数进行优化，但却存在遗传算法自身的交叉率、变异率等复杂参数设置问题（俞敏等，2020）。同时发现，对时间序列工程造价动态预测时，基于数理统计的智能算法不太适用，而采用灰色系统模型进行中、短期预测时，其预测仿真结果较为理想，但利用该模型开展长期预测仿真分析时，其预测效果较不稳定。建议针对小规模数据，以灰色系统模型为主，当数据累积到一定规模，采用 ARMA 模型较为合适（吴学伟，2009）。因此，本书有必要分别针对变电工程静态造价与动态造价各自工程样本数据特征构建较为适合的预测模型，并以造价指标值为预测对象，对变电工程造价指标值开展预测模型构建研究。

综上所述，结合以往相关文献研究成果，笔者认为有必要对变电工程造价影响因素展开系统、深入的研究，并在此研究基础上重新构建变电工程静态造价新指标。同时，参考国内外大型建筑领域中关于造价指数的研究及应用，构建变电工程造价指数，再通过造价指数构建变电工程动态造价新指标。最后，依据组合预测理论构建出精度更高的变电工程静态造价新指标的值预测模型，同时选用对时间序列数据进行动态预测较稳定的灰色理论模型，对变电工程动态造价新指标的值进行预测，从而充分发挥本书所构建的变电工程新造价指标在待建设工程造价前期的管控作用，提升我国变电工程全过程造价"精益化"管理水平。

变电工程新造价指标及
其值预测研究

第2章
变电工程造价基本概念和基础理论

2.1 基本概念

2.1.1 工程造价

（1）工程造价的两种内涵

第一种内涵是从业主（或投资者）的视角给工程造价定义。工程造价指全部固定资产投资，即工程建设预期或实际开支的费用。那么，在投资活动中所支付的固定资产费用及无形资产费用便构成了工程造价。从这个视角上讲，工程造价就是工程投资费用，建设项目的工程造价就是建设项目固定资产投资（尹贻林，2002）。

第二种内涵是从社会主义商品经济和市场经济层面定义工程造价。工程造价是指工程建设过程中，预期或实际在土地市场、技术劳务市场、承包市场，以及设备市场等交易过程中所形成的建设工程总价格或建筑安装工程价格（尹贻林，2002）。

（2）工程造价两种含义区别

徐蓉（2014）认为工程造价的定义虽然具有两个层面的内涵，但它们却是从不同角度将同一事物的本质揭示出来，所以工程造价的两种内涵并不矛盾，而且能够将造价的实质准确、全面地反映出来。那么，从工程项目建设的投资者角度分析，工程造价的实质就是在市场经济条件下，投资者"购买"建设项目所要付出的价格（即工程投资）。从工程的规划、设计单位到工程的承包商和提供商的角度分析，工程造价的实质就是建筑市场供应主体出售劳务的价格与建筑商品的价格总和，或者特指范围的工程价格，例如建筑安装工程造价等。

然而，工程造价的两种内涵相互联系，又存在差异，主要体现在两种含义的造价有着不尽相同的管理性质和目标。而这一差异主要是由市场经济中的需求主体与供给主体追求不同的利益所致。因此，在管理性质层面上理解工程造价，显然第一种造价内涵属于投资管理范畴，第二种造价内涵则属于价格管理范畴。在管理目标层面上理解工程造价，作为项目建设费用或投资成本，使投资者在工程项目建设的决策阶段与实施阶段，保证决策的正确性是其首要任务。其次，投资者始终关注的问题，是力求在项目建设过程中，一方面不断降低工程所涉及的成本费用；另一方面不断提升工程质量水平，完善建设工程项目的各项功能，同时能够提前或如期交付建筑产品并投入使用。因此，投资者将降低工程造价作为其始终如一追求的目标。然而，作为承包商或供应商所追求的是较高的工程造价，因为那是他们利润或超额利润的来源。为此，他们将更多地关注工程价格。

本书研究变电工程新造价指标构建及其指标值预测研究。首先，构建变电工程新造价指标，以衡量不同变电工程间造价差异，评价已竣工变电工程造价水平。其次，利用适宜的预测方法或模型对不同性质的变电工程造价指标值进行合理预测，并依据预测所得的变电工程造价指标值对待建设工程造价进行有效事前管理与过程控制。最终，解决变电工程长期以来存在的"概算超估算、预算超概算、决算超预算"问题，实现国家提出的电网工程造价"精益化"管理目标。因此，本书依据"工程造价"第一种定义设计变电工程新造价指标及构建指标值预测模型更加合适。

变电工程新造价指标及
其值预测研究

2.1.2 变电工程造价及分类

(1)变电工程造价

变电工程造价即指变电工程投资，由静态投资和动态投资构成。变电工程静态投资指针对变电工程造价（即：估算、概算、预算造价等概称）进行预期编制时，通常将由工程量误差所导致的工程投资的增减情况考虑进造价中，但不考虑日后由价格涨跌等因素导致的工程投资的增减情况，也不考虑由时间价值因素引起的投资利息的支出情况。因此，变电工程静态投资就是将某年、月设定为基准期，然后以基准期内工程所涉及的建设要素单价为依据，计算出的造价。相对于变电工程静态投资而言，变电工程动态投资通常就是将其静态投资中未考虑的因素考虑进来。将由时间变化所导致的，诸如价格等因素的变化，以及将由预期的未来利息支出等因素所导致投资变化的情况全部考虑进造价中，从而形成了变电工程动态投资。显然，动态投资包括了静态投资。针对变电工程的长期造价分析时，其工程间造价差异主要是体现在动态投资（即：动态造价）上。而针对变电工程的短期造价分析时，其工程间造价差异主要是体现在静态投资（即：静态造价）上。那么，依据变电工程投资的这个特点，本书将分别以变电工程的"短期静态投资与长期动态投资"为造价研究对象，开展变电工程"静态控制、动态管理"新造价指标构建及其指标值预测研究。

(2)变电工程分类

① 依据电压等级划分。变电站按照电压等级高低，可分为低压变电站（低于 1kV）、中压变电站（1 ～ 10kV）、高压变电站（10 ～ 330kV）、超高压变电站（330kV 及以上）等。

② 依据电力系统变电站的地位与作用划分。参见表 2-1。

③ 按供电对象的不同，可将变电站划分为农业变电站、工业变电站，以及城镇变电站。

④ 按其馈线多少与容量大小，可将变电站划分为小型变电站、中型变电站，以及大型变电站。

⑤ 按是否有人正常运行值班，可将变电站划分为无人值班变电站与有人值班变电站。

表2-1 变电站地位与作用划分表

变电站地位名称	变电站作用
枢纽变电站	枢纽变电站的电压等级通常为330kV及以上，位于电力系统的枢纽点，变电容量大。然而，由于枢纽变电站一般联系多个电源，出线回路较多，所以一旦枢纽变电站停电或系统瓦解，将导致大区域的停电。因此，枢纽变电站在电力系统中的地位极其重要，对电力系统的安全、稳定、可靠运行发挥重要作用
中间变电站	中间变电站的电压等级通常在33～220kV之间，位于系统主要干线的接口处或系统主干环行线路中。由于中间变电站汇集若干线路和2～3个电源，因此中间变电站停电，将导致该区域电网解列
地区变电站	地区变电站的电压等级通常为220kV，通常将一个中、小城市或地区的主要变电站称为地区变电站。地区变电站停电，将导致该地区电网解列，造成城市供电的紊乱
企业变电站	企业变电站的电压等级通常在35～220kV之间，其回进线在1～2回之间，是大、中型企业的专用变电站。企业变电站停电，将影响企业的正常生产

2.1.3 造价的静态控制与动态管理内涵

（1）造价静态控制

造价静态控制是指将建设工程的投资额，控制在按照某一基准年的价格水平所编制的建设工程的总造价内（金洪生，2000）；或者指为便于短期工程项目全过程造价管理，暂不考虑由时间、政策等因素的变化导致价格变动的情况，分别针对

变电工程新造价指标及
其值预测研究

工程项目建设过程中不同阶段所形成的静态投资造价，即投资估算造价、设计概算造价、招投标价格、施工预算造价、竣工结算及决算造价进行有效的控制。

（2）造价动态管理

造价动态管理是指从建设工程决策阶段至竣工决算阶段，对由时间、政策的变化而产生变动的资金（诸如价差、利息等）进行管理（KISHK M et al.2000）；或者指为了保证工程前期建设的顺利进行，将时间、物价等因素的变化考虑进造价管理之中，对工程动态投资（诸如材料、设备、人工的价差和贷款利息等）进行有效的管理（齐艳等，2009）。

2.1.4 造价指标与造价指数

（1）造价指标

造价指标是指通过比较分析已竣工的工程建设项目的概算和预算等相关造价资料，获得的一些符合工程特征的价格指标，主要包括总体造价指标和单位造价指标等。其中，总体造价指标是对建筑产品整体价格的反映。而单位造价指标是对单位长度或面积等建筑产品价格的反映。通常基于造价指标积累、整理，以及分析，可以帮助工程造价人员对不同时期、不同阶段、不同个体工程项目进行评价与分析，从而实现对工程造价的有效控制。

（2）造价指数

造价指数实质是在一定时期内，由价格变化导致工程造价变化的程度的一种反映指标，经常作为工程造价的价差调整依据。它反映了报告期同基期比较的价格变动趋势，是研究工程造价动态性的一种重要工具。工程造价指数主要包括综合造价指数和单项造价指数两大类。其中，综合造价指数能够将工程建设各个阶段中工程组成要素的综合价格与基期的比值较好地反映出来。单项造价指数能够将工程建设过程的各个阶段所涉及的人工、材料、设备，以及各项管理措施等单项价格与基期的比值较好地反映出来。

2.2 基础理论

2.2.1 工程造价管理理论

工程造价管理是指利用评价、预测、优化、控制、监督等措施，对工程项目建设的全过程开展多层次、全方位管理活动，并运用经济、技术，以及法律等手段，使得企业资源配置达到最优化，进而实现企业投资项目效益最大化（吴学伟，2009）。

工程造价管理是建设项目管理过程中最重要、最核心的内容，关乎项目建设所得最终建筑产品的质量。当今，工程造价管理随着现代管理科学的发展也逐渐发展起来，世界各国专家、学者纷纷开始依据经济与管理领域中的相关理论，并运用各种分析方法和数学模型对造价展开全面、深入的研究（路妍，2016）。

工程造价管理理论概述如下。

（1）工程造价管理的内涵

工程造价管理是以遵循经济发展的规律为前提，以建设工程项目为研究对象，通过科学的管控方法或措施来合理预测、控制及管理建设项目工程造价的活动。主要工作内容如下所示。

a. 程造价影响因素分析。由于在实际工程中存在诸多影响工程造价的因素，所以对一个复杂系统的工程造价来说，其造价影响因素的挖掘与分析是开展造价管理工作的重要前提，所

变电工程新造价指标及
其值预测研究

以，工程造价影响因素研究的内容主要指挖掘与分析造价影响因素。

b.工程造价合理值预测。在工程建设每一阶段，工程造价管理人员需选择适宜的预测方法预测工程造价，进而确定工程建设每一阶段的目标费用。在整个项目工程建设过程中，由粗到细，由宏观到微观，对工程建设各阶段造价进行管控。通过对前一阶段工程造价的预测，来有效控制后一建设阶段工程项目投资额度，以达到建设项目工程造价全过程控制的目标。因此，前一阶段的造价预测的科学性与准确性，将直接影响后一阶段投资控制的效果。例如工程项目设计阶段的概算受到其前一阶段项目决策与可研阶段的估算控制；而且设计概算的精度将直接影响后面施工阶段的预算，以至竣工阶段决算的准确性。

c.工程造价评价与控制。在不同工程间进行造价的准确评价，通过方案比较使得建设方案及设计方案等得以优化。依据工程造价"静态控制、动态管理"的原则，通过运用一定的方法或手段，有效整合工程项目的人力、物力、财力等各类资源，将造价控制在合理范围内。最终，实现对工程造价的有效控制，获取更好的经济效益及社会效益。

综上所述，为了实现对建设项目工程造价的有效管理，就应从工程的技术、经济、组织、信息及合同管理等层面对造价开展多维度综合管控。其中工程技术与工程经济相结合管控，是工程造价预测及控制的最有效的措施。

然而，在我国建筑工程领域，工程造价难以得到合理预测与有效地控制（王文静，2005）。那么，如何有效地提高工程造价管控水平，已成为我国建筑工程领域，尤其是变电工程建设中亟待解决的问题。而解决这一难题的关键是处理好项目建设过程中工程技术先进性与经济合理性之间的对立统一关系。所以，需要通过开展技术比较、经济分析以及效果评价等一系列造价管理活动，将工程技术与经济有机结合，在保证技术先进性的同时实现经济合理性，或者说以经济合理性为目标并确保技术先进性，将有效控制工程造价的观念，融入建设工程项目的全过程管理中（樊博琅，2007）。

工程造价的有效控制既是造价管理的目的所在，又是造价管理的核心内容。那么，为实现有效控制工程造价这一目标，就需要对工程造价开展有效的预测与合理的比较分析。否则，实现对工程造价的有效控制就会成为镜中花、水中月。

（2）工程造价管理的特征

一般情况下，工程项目的建设周期较长，导致整体工程建设过程中资源消耗量较大，影响工程造价的因素众多。另外，工程项目还具有工程造价复杂、建设阶段划分明显等特征。因此，工程造价管理具有系统性、阶段性、目的性、一次性和动态性五个基本特征（马楠等，2014）。工程造价管理特征分析见表2-2。

表2-2　工程造价管理特征分析

特征	分析
目的性	目的性是项目工程造价管理中重要特征之一。每一个工程项目都是为了实现特定目标而存在的。那么，要求项目管理者将建设目标提前设定好。此目标包括度量项目工作的目标和度量项目本身的目标。其中，前者是对于项目工作而言的目标，后者是对于项目结果而言的目标
系统性	造价管理是指对建设工程各阶段形成的造价（即：投资估算、设计概算、招投标价格、施工图预算、工程结算及竣工决算）进行有效管理。而这一造价管理过程存在鲜明的系统性特征，通过组成部分之间相互依赖、相互作用、相互结合形成特定功能的有机整体，进而构成一个复杂的系统
动态性	因为工程项目建设过程受到诸如自然条件、社会与经济等因素的影响，导致影响因素与造价，以及各影响因素间都存在一定的动态联系，所以，在一定程度上致使造价管理存在动态性。具体表现为工程项目建设各阶段造价管理活动的动态性，以及造价管理的每个阶段对应的管理过程的动态性

特征	分析
阶段性	通常将建设工程项目全过程各阶段造价划分为决策与可研阶段的估算、设计阶段的概算、招投标阶段的合同价、施工阶段的预算、竣工阶段的结算，以及工程最终阶段的决算。由于工程建设项目的各个阶段中造价文件既互相联系，又相对独立，所以造价管理具备明显的阶段性特征
一次性	通常任何建设工程项目都存在明确的时间始点与终点，是一次性、有始有终的过程，并非不断重复、周而复始的。尽管一些建设工程项目持续很多年，甚至更长的时间，然而每一个建设工程项目都具有自己的生命周期。由于建设工程项目具有一次性的特点，所以对建设工程项目造价通常进行一次性管理

由于工程造价对工程经济效益会产生直接影响，世界各国纷纷对工程造价管理给予更多的关注。目前，工程造价管理形成了由经济、技术与管理所构筑的完整、独立的学科体系。

（3）工程造价管理分类

工程造价管理从造价管理雏形发展到今天，由于我国生产力的空前发展，国内工程造价管理研究的水平也得到了显著提升，以满足我国经济发展的需要。

① 工程造价按照计价模式划分，主要包括工程定额计价和工程量清单计价两种计价模式。

a. 工程定额计价模式。工程定额计价模式是指依据预算定额中规定的分部分项子目，逐项计算工程量，并套用预算定额单价确定直接工程费。该模式在我国长期以来被广泛采用。另外，在定额计价模式下，按照规定的取费标准确定间接费、税金、措施费，以及利润等，然后将前面各项求和，再同适当的不可预见费和材料调差系数汇总，形成工程预算。另外，工程预算可作为标底，在评标定价过程中可作为参与各方的主要参考依据。

我国曾经采取过单一的定额计价模式，即采用预算定额单价法确定工程造价。该模式的实质就是由国家统一颁布的定额指标（即：计价定额），有计划地管理建筑产品的价格。换言之，国家假定建筑安装产品为管理对象，统一制定建筑安装产品的概算定额和预算定额，然后通过每一单元费用计算，再综合形成整体工程的价格。

鉴于定额编制期的平均社会科技水平与劳动力水平能通过定额计价模式予以反映，所以该模式能够帮助造价管理主体，对建设项目工程的造价进行宏观控制。另外，定额计价模式计算的程序较为简便，应用的思路较为清晰。因此，在建设项目工程全过程中，均可采用该模式对造价进行计算。

但是，当前工程相关材料、设备、技术及工艺的更新时间不断缩短，而工程定额的编制却往往需要较长时间，因此定额计价模式具有一定滞后性。另外，目前"量价合一"原则是定额计价方法得以运用的主要依据，所以定额计价模式不能全面反映市场变化情况。另外，在定额计价模式中，各项费用与工程量往往被假定呈线性关系，并将单位成本固定。可是现实生活中时间、政策等诸多因素的变化都会影响到工程单位成本，进而导致其不断变化。另外，目前不能将由定额计价模式所计算出的工程造价作为制定投标报价的标准，因为此造价仅能反映社会平均水平，不能反映个体实际水平，若将其作为制定投标报价的标准，将导致竞标阶段缺乏竞争力。同时工程定额计价模式还存在一些不适用的地方，例如其在具体工程的应用方面不能反映出工程的质量与进度目标等。

b. 工程量清单计价模式。工程量清单计价模式是一种新型计价模式，该模式主要采用市场定价方式计价，与工程定额竞价模式有着显著区别。在该模式下，允许建筑市场中的买卖双方依据市场信息状况、供求状况展开自由竞价，通过竞争签订

变电工程新造价指标及
其值预测研究

合同价格。因此，工程量清单计价方法随着建筑市场的建立、发展与完善孕育而生。

只有建立统一的工程量清单项目，才能具体应用工程量清单计价方法。首先，制定工程量计量规则。其次，依据工程的具体施工图纸，测算出每一个清单项目的工程量。最后，结合所搜集的工程造价历史信息和经验数据，计算出工程造价。

由于工程量清单计价模式完成了将工程综合单价与工程量相分离的过程（即："量价分离"），所以在该模式下竞标企业可以自行编制报价，并结合工程项目所需费用、利润及潜在风险因素，综合考虑自身实力与市场环境后进行自主报价。其中建筑产品价格（即：工程造价）可通过各家企业在市场中展开的竞争最终确定。此价格既能够体现市场的公开性、公正性与公平性，又能反映企业的自身实力，还可以促进企业提升技术水平，加强施工管理。最终，通过企业自身技术管理水平全面提高，达到企业利润最大化。同时招标单位也可能通过投标企业的报价了解项目相对真实而客观的造价。然而目前由于成熟的建筑市场环境在我国尚未形成，所以在我国出现了工程定额计价法和工程量清单计价法两种模式平行应用的局面。

② 工程造价按照管理范围划分，主要包括工程项目投资管理和工程项目价格管理两种。

a. 工程项目投资管理。工程项目投资管理是指通过对工程项目规划的拟订、项目方案的设计等工作，开展对工程造价及其变动程度方面的测算、确定，以及监控等系统活动，以实现项目投资的预期目标。工程项目投资管理具体内容包括合理确定工程造价，以及开展有效控制造价的一系列相关活动。从相关活动范围来讲，合理确定工程造价及有效控制造价就是工程造价管理。其中，工程造价的合理确定过程，具体指在工程项目建设的每一阶段，分别确定合理的投资估算、合理的设计概算、合理的招投标价格、合理的施工图预算，以及合理的竣工结算及决算过程，从而实现对工程造价有效地管控；或者指在建设工程的不同阶段，采用符合实际的计价依据，运用科学的计算方法对工程造价进行合理确定。那么，为了实现建设项目投资控制目标，获取较好的投资效益和社会效益，应在项目建设过程中通过对人力、财力及物力的合理使用，将投资决策估算、设计概算、建设项目招投标价格和施工预算、竣工结算及决算，控制在上一阶段造价设定的限额范围内，并随时纠正发生的偏差。

b.工程项目价格管理。工程项目价格管理即指对建筑市场上工程项目的交易价格进行管理。在社会主义市场经济条件下，可从微观和宏观两个层面对工程造价管理进行分析。从微观管理层面分析，主要指参与工程项目建设的企业在把握市场价格信息的前提下，通过成本控制、计价、定价和竞价等一系列活动，达到对建设项目工程价格有效管理的目标。从这个角度来说，工程造价管理反映了具体项目工程的参与主体，按照支配价格运动的经济规律，接受价格对建筑生产活动的调节，并对建筑产品生产价格进行能动的预测、计划、监控与调整。从宏观管理层面分析，是政府根据社会经济发展的实际情况与需要，通过运用经济、法律、行政等多种手段管理和调控项目工程的价格，并通过市场管理，规范市场主体价格行为的系统活动（郭荣，2013）。

2.2.2　全过程造价管理理论

（1）全过程造价管理内涵

全过程造价管理是指覆盖建设工程策划决策及建设实施各个阶段的造价管理，包括对前期决策阶段估算管理、设计阶段

变电工程新造价指标及
其值预测研究

概算管理、招投标阶段价格管理、施工阶段预算管理，以及竣工验收阶段结算与决算管理。

全过程造价管理是我国提出的一种全新的建设项目造价管理模式。它是一种用来确定和控制建设项目造价的新方法。全过程造价管理强调建设项目是一个过程，建设项目造价的确定与控制也是一个过程，是一个项目造价决策和实施的过程。人们在项目全过程中都需要开展对建设项目造价管理的工作。

（2）全过程造价管理的内容

一套科学的建设项目全过程造价管理的方法论必须包括两个方面的基本内容：第一是建设项目全过程造价管理的基本技术方法，第二是建设项目全过程造价管理的辅助性技术手段。只要将这些建设项目造价管理的技术方法或手段有机地组合在一起就可以构成一套适用于建设项目全过程造价管理的方法体系。它涵盖了建设项目造价管理的各个方面。

变电工程全过程造价管控是一项综合性较强的系统工程，是适应市场经济发展的必然结果。通过变电工程全过程造价的静态控制与动态管理，既要对变电工程静态造价进行合理控制，又要对工程动态造价进行有效管理。将全过程造价管理工作变被动为主动，在建设过程的不同阶段可以采取积极措施将工程造价控制在合理的范围内。

① 决策阶段造价管理　投资决算阶段估算管理即决策阶段造价管理，是通过对待建设项目的可行性与必要性进行技术经济论证（AYADI O et al,2018），从两个或多个可行的造价方案中选择一个较优方案的分析、判断和抉择的过程。

② 设计阶段造价管理　项目设计阶段概算管理即设计阶段造价管理，指设计者在项目具体实施之前，根据已批准的设计概算任务书，通过拟定的建筑、安装及设备制造等所需的图

纸、数据、规划等技术文件来达到待建设项目的技术和经济方面的要求（AYODELE T R et al,2016）。

③ 招投标阶段造价管理　工程招投标阶段价格管理即招投标阶段造价管理，指招投标过程中招标人在拟定招标文件时，应规范、正确地确定招标文件中工程量清单、最低投标限价（即：下限拦标价）、最高投标限价（即：上限拦标价），以及其他相关造价条款，从而对投标报价、合同价款进行约定。

④ 施工阶段造价管理　项目施工阶段预算管理即施工阶段造价管理。该阶段造价管理是全过程造价管理的重要组成部分。具体指在已经拟定好的设计概算、施工方案条件下，对工程预算及其变动进行预测、计算、确定和管控，从而实现企业投资预期目标。

⑤ 竣工验收阶段造价管理　建设项目竣工验收阶段（结）决算管理即竣工验收阶段造价管理，是指由投资建设单位、施工单位、设计单位、监理单位及其他相关造价部门，按照合同要求，在工程项目竣工后，参考项目批准的设计任务书等文件，并依据国家政府部门颁发的施工验收规范与质量检验标准，对工程项目总体进行检验、评价及认证的过程。

决策阶段是对项目技术、经济、工程等方面进行分析和详细比选，预测影响投资变化的因素，使投资估算起到控制项目总投资的作用（BHARGAVA A ,et al, 2017）。据统计，建设项目投资决策对工程造价影响达到80% ～ 90%，其决策的深度直接决定工程投资的精度，且决策的正确与否决定投资的控制合理与否（揭贤径，2013）。为了避免减少错误投资、降低项目风险，投资单位应对项目方案的技术性和经济性进行认真研究和比选，最终选择最佳方案。

因此，本书所开展的变电工程新造价指标构建及其值预测研究主要侧重在造价前期有效管控，只有将变电工程建设前期阶段造价合理确定，才能对工程建设后续各阶段造价有效控制，从而达到事半功倍的效果。

（3）全过程造价管理前期估算造价的管控方法

对于变电工程全过程造价管理过程中前期估算造价的管控方法，以往电网公司仅采用单位（主）变电容量静态或动态造价指标，结合相应预测方法或模型，对具体待建设工程前期估算造价进行快速确定，从而将预测所得的估算造价作为工程建设后期设计概算、施工预算，以及竣工决算等造价控制基准。然而，随着近年来变电工程新技术的不断应用，造价方案复杂性、建设环境多样性增加，变电工程造价传统指标及其应用预测方面都存在一定问题，导致电网公司不能通过采用这一造价指标对变电工程造价实施有效控制，最终造成变电工程投资的"概算超估算、预算超概算、决算超预算"的"三超"现象。

本书结合变电工程建设投资主体——电网公司的实际需要，分别开展变电工程静态造价指标与动态造价指标的重新构建研究，并结合所构建的造价指标的样本数据特征，进行待建设工程造价指标值预测研究，最终将所构建的一套变电工程造价前期管控指标及其值预测模型应用于实际工程中，从而使变电工程建设投资方——电网公司既能通过适宜的造价管控指标对工程建设前期投资决策阶段估算快速地、准确地确定，以实现对后期各阶段造价的有效控制，又能运用合理的造价分析方法对变电工程总体平均造价及其趋势进行准确分析（郭崇等，2015），为造价管理部门制定相关造价政策提供重要参考依据，从而为电网公司对变电工程造价及其趋势进行管控提供有效途径（夏华丽等，2016）。

随着变电工程建设的规模扩大，以及建筑行业的发展，人们更加注重建设工程造价合理确定与有效控制的实际效果，通过造价合理确定实现对变电工程造价精准预测与有效控制已经成为业界的一个研究重点（竹雅东，2018）。其中，工程造价指标及指数方法是工程造价合理确定与有效控制的重要途径。

根据实践经验可以发现，变电项目工程造价指标在待建设工程造价合理确定与控制方面发挥越来越重要的作用，在缺乏科学、合理的变电建设工程造价指标的情况下，很多时候人们往往凭经验来估计或采用较单一的变电工程单位（主）变电容量指标来确定工程造价及分析其变化趋势，其分析与控制效果十分有限。因此，本书将对变电工程静态造价开展工程静态造价新指标构建研究，通过相应预测模型对变电工程静态造价指标值进行预测，进而达到合理确定与有效控制相同或相近年份内待建设工程静态造价的目的；并对动态造价开展造价指数生成研究，通过造价指数测算获得变电工程动态造价新指标，再通过应用相关预测模型对变电工程总体平均动态造价指标值进行预测，以实现对不同年份间待建设工程动态造价的合理确定与有效控制。

因此，如何开展变电工程新造价指标构建及其指标值预测研究，就需要结合本书所构建的静态造价指标与动态造价指标各自数据样本特征，建立相应造价指标值预测模型，通过对相应变电工程造价指标值的精确预测，合理确定变电工程建设前期投资决策阶段估算造价；通过前期估算造价实现对后期各阶段所形成造价进行有效控制，以避免或减少变电工程投资浪费现象，从而提高电网公司投资效益，实现对变电工程造价的精益化管理。

2.2.3 组合预测理论

以往变电工程造价预测领域所应用的各类单一的预测模型总是有一定的适用条件或范围，且模型存在一些自身固有缺

变电工程新造价指标及
其值预测研究

陷，容易导致单一模型在预测时其性能指标不能得到充分发挥。而本书通过对前人相关造价预测方面文献研究，发现组合预测模型可以利用不同的模型或方法、从不同的视角进行预测，可以获得系统所需各种不同的信息。另外，由于组合模型预测时利用不同模型或结合不同方法的自身预测优势，所以其预测结果能够相互取长补短，改善原有方法的优化性能及模型预测的稳定性，从而大幅度提高造价预测的精确度。目前相关文献研究中，将组合模型大致分为两类：基于方法组合的预测模型与基于模型组合的预测模型。

（1）方法组合

基于方法组合的预测模型是指将一种或多种方法融入某一个单一预测模型中，然后采用该组合模型对数据集进行预测，从而提升原单一模型的预测性能。其实质就是利用一种或多种优化算法对单一模型进行优化，从而改善原模型的预测性能。但是需要注意的是优化方法往往不能单独用于数据的预测，只能通过对模型的优化达到预测数据的功效。王捷等（2009）在电力负荷预测方面，建立了蚁群优化下的神经网络组合模型，并作了仿真分析，获得了较为理想的负荷预测数据。HONG W C 等（2014）结合模拟退火算法和遗传算法进行模型参数优化，建立了优化后的支持向量回归机预测模型，对交通流进行预测，并与单一 SARIMA 模型进行比较，该方法组合下的预测模型预测效果更理想。CHAN K Y 等（2019）将最小二乘法和混合指数平滑法引入到神经网络模型中，使得神经网络的泛化性能显著提升，实验结果证实了方法组合的预测模型对预测对象的预测更加有效。总之，基于方法组合的预测模型是指将遗传算法、粒子群算法、蚁群算法等优化算法融于单一预测模型中，通过模型参数的组合优化，提高传统单一模型的预测性能。

（2）模型组合

无论是较早的统计模型，还是现代的非线性模型以及智能模型等，在预测时总存在着一定程度的缺陷。为了能够充分地发挥各自模型的优势，最大限度地弥补各自模型的不足，袁景凌等（2010）提出了灰色嵌入与灰色补偿两种不同结构的组合预测模型，并引入了遗传算法辅助灰色神经网络进行预测，与单一模型预测结果相比，改进后的组合预测模型具有更强的实用性和更高精确度。WEI G B 等（2012）提出了神经网络与分形预测模型相结合的预测模型，通过仿真分析获得了较任一单一预测模型更理想的预测结果。SHI Z 等（2007）结合支持向量机与粗糙集理论的模型，得到了令人满意的预测结果。于志恒（2016）在小波消噪法前提下，建立 SVM 和 ARIMA 相融合的组合预测模型，结果表明该组合模型由于汲取了两个单一模型的优势，从而具有一定抗干扰能力，大幅度地提升了原任一单一模型的预测效果。BOLO-GIRALDA D 等（2010）先通过小波进行降噪，然后利用自组织的神经网络进行目标预测，最终改进了任一单一模型的预测性能，达到了较为理想的预测目标。

总之，组合模型因为有效利用各种方法或各自模型的优势，取得了较好的预测结果，已经成为国内外专家学者研究的重点。然而，由于变电工程造价影响因素复杂，而且变电工程静态造价指标与动态造价指标的构建机理不尽相同，另外，预测这两种造价指标值时所要求的预测样本数据的性质也有较大差异，因此，我国目前有关变电工程造价预测方面的研究还没有形成比较成熟且完备的理论及方法体系。使用哪些方法，以及选取哪些预测模型进行预测才合理的问题，仍然是当今电力工程造价领域研究的重点。

变电工程新造价指标及
其值预测研究

第3章
变电工程造价静态控制因素识别与筛选

3.1 静态造价主要影响因素分析方法

工程造价是一个多变量、非线性的复杂过程。以往的电网工程项目造价预测多数依靠资深专业人员的实际经验分析和推测，导致电网工程造价管理缺乏科学性、有效性。那么，如何筛选与识别变电工程造价的主要影响因素，构建变电工程造价影响因素库，对变电工程静态造价新指标设计及其指标值进行准确预测意义重大。

现阶段国内针对传统电网工程造价影响因素的研究多集中于定性分析，主要采用问卷调查、专家访谈以及通过工程项目后评价等方法实现对造价有效管理。国内外针对影响变电工程造价因素的定量分析研究文献较少。刘福潮等（2005）采用基于案例推理（CBR）技术进行电网工程前期估算。此方法的缺点是国内真正运用到生产或商业化的 CBR 系统还很少，其理论和技术有待于进一步研究发展。季咏梅等（2014）应用主成分分析（PCA）法，通过综合得分对电网工程造价影响因素进行比较，但未能对因素指标的性质与标准加以区分。方向等（2015）应用层次分析（AHP）法与模糊综合评判法来解决目前电网规划方案决策问题，但通过专家经验对工程造价影响指标的权重作出判断，存在较大的主观性，无法准确获得影响电力工程造价的关键因素。

鉴于变电工程传统造价指标构成特点，以及目前所掌握的变电工程造价样本数据情况，通过比较上述文献研究方法特点，本书决定采用以下方法进行研究。首先，应用主成分分析（PCA）技术进行变电工程造价诸多构成费用主成分分析，以获得影响工程造价主要构成费用（肖俊晔等，2014）。其次，将构成变电工程造价的各项主要费用进行技术与经济指标降解分析。最后，应用多元线性回归分析（MLRA）技术筛选出影响变电工程造价的关键因素，同时识别出造价关键影响因素的性质，并分别针对不同性质因素建立变电工程造价影响因素库，不仅有助于有效控制变电工程造价，而且为本书后文变电工程新造价指标及指数的构建提供技术支持。

3.1.1　主成分分析（PCA）原理及步骤

（1）主成分分析原理

主成分分析法又称为主分量分析法，是一种重要的统计分析方法，该方法是基于变量转化的思维，利用新系统中较少的几个综合指标（即：主成分）来替换原系统中的多个变量的一种统计分析方法。该法可将多变量的高维空间问题简化成低维的综合指标问题。通常依据研究标准占所需反映原系统全部信息量的比重多少，来确定新系统主成分的个数，且各个主成分之间彼此是线性无关的。

应用主成分分析，可以实现用尽量少且彼此不相关的综合变量，来替代原来的多个且彼此可能存在相关性的因素变量，从而将所研究事物的重要信息较好地反映出来。

（2）主成分分析主要步骤

主成分分析（PCA）模型如式（3.1）所示：

变电工程新造价指标及
其值预测研究

$$\begin{cases} Z_1 = b_{11}X_1 + b_{12}X_2 + \cdots + b_{1n}X_n \\ Z_2 = b_{21}X_1 + b_{22}X_2 + \cdots + b_{2n}X_n \\ \cdots\cdots \\ Z_m = b_{m1}X_1 + b_{m2}X_2 + \cdots + b_{mn}X_n \end{cases} \tag{3.1}$$

式中，b_{i1}，b_{i2}，$\cdots$，b_{in}（$i=1,2,\cdots,m$）为 X 的协方差矩阵特征值对应的特征向量；X_1，X_2，$\cdots$，X_n 为原始数据经过标准化处理后的值。这里利用 SPSS 软件进行主成分分析，首先依据特征值大于 1 且累计方差贡献率超过 70% 的标准选取 m 个主成分，并确定主成分载荷矩阵。其次，通过主成分载荷与对应的方差贡献率相乘求和得到权重，如式（3.2）所示。

$$w_i = \left| \sum_{t=1}^{m} b_{ti} \times p_t \right| \tag{3.2}$$

式中，b_{ti}（$i=1,2,\cdots,n$）为 t 主成分载荷，p_t 为对应方差的贡献率。最后，进行主成分比较，识别出对造价影响的主成分，并比较主成分中各指标对总体的影响程度，进而筛选出主要影响造价的因素。

3.1.2 多元线性回归分析（MLRA）原理及步骤

（1）回归分析原理

在统计学中，回归分析指的是确定两种或两种以上变量间相互依赖的定量关系的一种统计分析方法。回归分析按照涉及的变量的多少，分为一元回归和多元回归分析；按照因变量的多少，可分为简单回归分析和多重回归分析；按照自变量和因变量之间的关系类型，可分为线性回归分析和非线性回归分析（杨中宣等，2016）。

（2）回归分析主要步骤

首先，从一组数据出发，确定因变量和自变量之间的关系式，即利用统计数据构建多元线性回归方程：

$$y = \beta_0 + \beta_1 x_1 + \beta_2 x_2 + \cdots + \beta_n x_n + \mu \qquad (3.3)$$

式中，y 表示因变量；β_0 为常数项；μ 为残差（满足古典回归假设条件）；$x_1, x_2, \cdots, x_n$ 是可能影响因变量 y 的各主要因子；$\beta_1, \beta_2, \cdots, \beta_n$ 是各因子 $x_1, x_2, \cdots, x_n$ 所对应的回归系数。

其次，服从基本假设前提下，利用 SPSS 数理统计软件在计算机上求解自变量间的相关系数，以及对应的概率水平，进而获得独立性变量因子。

最后，进行变量因子敏感性分析，逐步筛选出关于目标变量 y 最有影响的变量因子 x，并针对回归模型结果进行分析与评价。

3.2 变电工程造价费用指标识别

3.2.1 变电工程静态造价构成费用样本

在变电工程项目建设之初，利用设计概算对工程造价进行一个大致计算，以控制后续施工成本，但最终工程项目的实际造价仍要以工程实际决算价格为准。所以相对于概算而言，对决算各项成本费用进行主成分分析，能更有效控制工程造价，而将概算作为决算的重要对比分析对象也符合实际情况。本章节采用 16 个变电工程造价数据样本，它们均取自我国电网系统内近年已竣工投产的 220kV 变电站工程建设项目。同样为保证数据来源的机密性与安全性，本书用大写英文字母为代号分别代表该项工程样本的概算造价数据与决算造价数据具体来源。部分概算及决算数据展示分别如表 3-1 和表 3-2 所示。令 FBG_n 代表变电工程概算样本类别及编号，其中 FBG 代表变电工程概算样本类别，n 代表变电工程概算样本工程编号（n=1,2,…,16）。同理，令 FBJ_n 代表变电工程决算样本类别及编号，其中 FBJ 代表变电工程决算样本类别，n 代表变电工程决算样本工程编号（n=1,2,…,16）。应用数理统计软件 SPSS，对此 16 组工程建设项目的概算和决算分别进行主成分分析。

表3-1　变电工程概算样本数据　　　　　单位：元

工程编号	建筑工程费	设备购置及安装费	基本预备费	其他费用
FBG_1	18293200	53808000	3054600	15172000
FBG_2	20389600	84876700	1138900	15683900
FBG_3	22231400	66494900	2734200	20635800
FBG_4	45986200	102225600	5444100	24006400
FBG_5	14378093	42591300	0	25608100
FBG_6	32837100	84358000	3612600	21623600
FBG_7	25070000	62730861	1560000	18950000
FBG_8	60014500	111501600	4987900	24598800
FBG_9	20862000	51020000	0	19468800
FBG_{10}	44228700	93866000	3997200	20796800
FBG_{11}	20871400	43418800	722100	15425000
FBG_{12}	29950000	92740000	3753900	26030000
FBG_{13}	27270300	62716000	2578100	17831000
FBG_{14}	38989100	141686600	5212200	27814900
FBG_{15}	27115400	89905600	3416400	20409700
FBG_{16}	31870000	82640000	3454900	21360000

数据来源：中国电力企业联合会网络数据库；国家电网有限公司网络数据库。

表3-2　变电工程决算样本数据　　　单位：元

工程编号	建筑工程费	设备购置及安装费	基本预备费	其他费用
FBJ_1	15552100	54190100	3054600	10700600
FBJ_2	19153900	87956000	0	18438400
FBJ_3	21638200	58879500	2734200	17818400
FBJ_4	52944700	97705000	0	22894400
FBJ_5	10414500	76385800	0	25598100
FBJ_6	34237400	81288900	3612600	20230500
FBJ_7	20744400	60371200	0	18493600
FBJ_8	27444800	107697600	0	19369500
FBJ_9	16900100	44963800	0	13195300
FBJ_{10}	9717700	83960700	3997200	28377500
FBJ_{11}	16287000	40323500	0	22976900
FBJ_{12}	28266500	87299200	3753900	12026400
FBJ_{13}	22485900	57801700	2578100	15904400
FBJ_{14}	37064600	85394300	0	24752200
FBJ_{15}	23288900	79906100	3416400	17060600
FBJ_{16}	27260300	75922800	3454900	13179500

数据来源：中国电力企业联合会网络数据库；国家电网有限公司网络数据库。

3.2.2　变电工程静态造价构成费用主成分分析

考虑本书对于变电工程部分的研究所搜集的样本属于非时间连续性数据，在同一年份里或相近年份间不用考虑物价和银行基准利率等经济因素对工程造价的影响，所以工程间动态投资变化较稳定，应将静态投资作为研究相同年份变电工程造价的对象。变电工程静态投资主要构成费用为建筑工程费、设备购置及安装费、其他费用、基本预备费，将它们作为分析变量，用于后面章节的实例计算与分析。

为保证变电工程造价所构成的各项费用因子适合作主成分分析，首先采用 SPSS 软件对概算与决算中构成静态投资的各项费用进行相关性分析，分析结果具体分别如表3-3 和表3-4 所示，概算与决算的静态投资构成费用相关性分析结果表明，各费用变量间存在较好的关联性，所以均可以进行下一步主成分分析。

表3-3　变电工程概算费用相关性分析

项目	建筑工程费	设备购置及安装费	其他费用	基本预备费
建筑工程费	1	0.764**	0.500*	0.811**
设备购置及安装费	0.764**	1	0.612*	0.839**
其他费用	0.500*	0.612*	1	0.500*
基本预备费	0.811**	0.839**	0.500*	1

注：1.** 表示在 0.01 水平（双侧）上显著相关。
2.* 表示在 0.05 水平（双侧）上显著相关，下同。

表3-4　变电工程决算费用相关性分析

项目	建筑工程费	设备购置及安装费	其他费用	基本预备费
建筑工程费	1	0.510*	0.028	−0.107
设备购置及安装费	0.510*	1	0.298	0.012
其他费用	0.028	0.298	1	−0.315
基本预备费	−0.107	0.012	−0.315	1

其次，采用 SPSS 软件分别对 220kV 变电工程概算样本费用进行主成分分析，计算所得特征值及累计方差贡献率如表3-5 所示；成分矩阵如表3-6 所示；主成分载荷矩阵如表3-7 所示。从

表 3-5 解释的总方差中可看出，在概算表中第一主成分对应特征值是 3.036（＞1），累计方差贡献率是 75.890%（＞70%），可见第一主成分对应的特征值和累计方差贡献率均满足本书研究要求，可采用概算中第一主成分来反映概算造价构成费用的总体信息。因此，这里可以省去主成分权重测算环节。根据表 3-6 概算的成分矩阵，可得上述四项费用变量与概算中第一主成分关系：

$$XBG_1=0.0894ZBG; \quad XBG_2=0.932ZBG;$$
$$XBG_3=0.725ZBG; \quad XBG_4=0.918ZBG \qquad (3.4)$$

式中，ZBG 代表第一主成分；XBG_1 代表变电工程建筑工程费概算；XBG_2 代表变电工程设备购置及安装费概算；XBG_3 代表变电工程其他费用概算；XBG_4 代表变电工程基本预备费概算。

同理，利用概算的成分矩阵除以其对应特征值的平方根，得到表 3-7 主成分载荷矩阵，对应的主成分表达式为：

$$ZBG=0.513XBG_1+0.535XBG_2+0.416XBG_3+0.527XBG_4 \qquad (3.5)$$

直接由上述式（3.5）确定概算费用权重，如表 3-8 所示。在概算中，设备购置及安装费（XBG_2）＞基本预备费（XBG_4）＞建筑工程费（XBG_1）＞其他费用（XBG_3）。

表3-5 变电工程概算总方差

成分	（初始）特征值			提取平方与载入		
	合计	方差贡献率 /%	累计方差贡献率 /%	合计	方差贡献率 /%	累计方差贡献率 /%
1	3.036	75.890	75.890	3.036	75.890	75.890
2	0.593	14.818	90.708			
3	0.231	5.770	96.478			
4	0.141	3.522	100.000			

注：提取方法为主成分分析。

变电工程新造价指标及其值预测研究

表3-6　变电工程概算成分矩阵

项目	成分
	1
建筑工程费（XBG$_1$）	0.894
设备购置及安装费（XBG$_2$）	0.932
其他费用（XBG$_3$）	0.725
基本预备费（XBG$_4$）	0.918

注：提取方法为主成分分析。

表3-7　变电工程概算主成分载荷矩阵

项目	成分
	1
建筑工程费（XBG$_1$）	0.513
设备购置及安装费（XBG$_2$）	0.535
其他费用（XBG$_3$）	0.416
基本预备费（XBG$_4$）	0.527

注：提取方法为主成分分析。

表3-8　变电工程概算费用权重

项目	XBG$_1$	XBG$_2$	XBG$_3$	XBG$_4$
权重	0.513	0.535	0.416	0.527

最后，采用 SPSS 软件对 220kV 变电工程决算样本费用进行主成分分析，计算所得特征值及累计方差贡献率如表 3-9 所示，成分矩阵如表 3-10 所示，主成分载荷矩阵如表 3-11 所示。从表 3-9 解释的总方差中可看出，在决算表中第一主成分对应特征值是 1.657（＞1），累计方差贡献率是 41.434%（＜70%）。虽然第一主成分对应的特征值满足提取标准，但其对应的累积贡献率未达到本书研究要求，进而需要分析第二主成分，在决算表中第二主成分对应特征值是 1.191，累计方差贡献率是

71.201%，均达到本书标准。所以提取决算中第一主成分和第二主成分来反映 220kV 变电工程决算造价构成费用的总体信息。再根据表 3-10 决算的成分矩阵，可得上述四项费用变量与决算中第一主成分和第二主成分关系：

$$XBJ_1 = 0.717ZBJ_1 ; \quad XBJ_2 = 0.813ZBJ_1 ;$$
$$XBJ_3 = 0.582ZBJ_1 ; \quad XBJ_4 = -0.381ZBJ_1 \quad (3.6)$$

$$XBJ_1 = 0.454ZBJ_2 ; \quad XBJ_2 = 0.353ZBJ_2 ;$$
$$XBJ_3 = -0.579ZBJ_2 ; \quad XBJ_4 = 0.724ZBJ_2 \quad (3.7)$$

式（3.6）和式（3.7）中，ZBJ_1 和 ZBJ_2 分别代表第一主成分和第二主成分；XBJ_1 代表变电工程建筑工程费决算；XBJ_2 代表变电工程设备购置及安装费决算；XBJ_3 代表变电工程其他费用决算；XBJ_4 代表变电工程基本预备费决算。

利用决算的成分矩阵分别除以其对应特征值的平方根，得到如表 3-11 所示的主成分载荷矩阵，对应的主成分表达式为：

$$ZBJ_1 = 0.557XBJ_1 + 0.632XBJ_2 + 0.452XBJ_3 - 0.296XBJ_4 \quad (3.8)$$

$$ZBJ_2 = 0.416XBJ_1 + 0.324XBJ_2 - 0.531XBJ_3 + 0.664XBJ_4 \quad (3.9)$$

利用式（3.2）计算决算造价构成费用的权重如表 3-12 所示，在决算中，设备购置及安装费（XBJ_2）＞建筑工程费（XBJ_1）＞基本预备费（XBJ_4）＞其他费用（XBJ_3）。

表3-9 变电工程决算总方差

成分	（初始）特征值			提取平方与载入		
	合计	方差贡献率 /%	累计方差贡献率 /%	合计	方差贡献率 /%	累计方差贡献率 /%
1	1.657	41.434	41.434	1.657	41.434	41.434
2	1.191	29.768	71.201	1.191	29.768	71.201

成分	（初始）特征值			提取平方与载入		
	合计	方差贡献率/%	累计方差贡献率/%	合计	方差贡献率/%	累计方差贡献率/%
3	0.791	19.785	90.986			
4	0.361	9.014	100.000			

注：提取方法为主成分分析。

表3-10　变电工程决算成分矩阵

项目	成分	
	1	2
建筑工程费（XBJ$_1$）	0.717	0.454
设备购置及安装费（XBJ$_2$）	0.813	0.353
其他费用（XBJ$_3$）	0.582	−0.579
基本预备费（XBJ$_4$）	−0.381	0.724

注：提取方法为主成分分析。

表3-11　变电工程决算主成分载荷矩阵

项目	成分	
	1	2
建筑工程费（XBJ$_1$）	0.557	0.416
设备购置及安装费（XBJ$_2$）	0.632	0.324
其他费用（XBJ$_3$）	0.452	−0.531
基本预备费（XBJ$_4$）	−0.296	0.664

注：提取方法为主成分分析。

表3-12　变电工程决算费用权重

费用	XBJ$_1$	XBJ$_2$	XBJ$_3$	XBJ$_4$
权重	0.355	0.358	0.029	0.075

综上所述，将220kV变电工程概算与决算样本造价构成费用权重进行对比（参见表3-8和表3-12）可知，概算与决算的构

成费用权重排序结果比较相近，在概算中，设备购置及安装费（XBG_2）＞基本预备费（XBG_4）＞建筑工程费（XBG_1）＞其他费用（XBG_3）；在决算中，设备购置及安装费（XBJ_2）＞建筑工程费（XBJ_1）＞基本预备费（XBJ_4）＞其他费用（XBJ_3）；无论是概算还是决算，设备购置及安装费对变电工程造价的影响程度都最大且稳定，应属变电工程造价的主要费用因素。因此，可将设备购置及安装费经由技术与经济构成指标分解出具体影响指标因素，从而建立变电工程造价影响因素库，为后面章节构建变电工程静态造价新指标提供技术支持。

3.2.3 变电工程静态造价主要构成费用分解指标鱼骨图

采用鱼骨图分析法，从技术与经济层面出发，对 220kV 变电工程样本的设备购置及安装费，结合变电工程的技术与经济指标因素进行因果分析，从而识别出 220kV 变电工程造价主要影响因素，并建立变电工程造价影响因素库。结合前面章节对 220kV 变电工程项目费用构成进行的分析，得到主要影响变电工程投资的费用是设备购置及安装费。依据此项费用具体用途，又可进一步划分为主变电系统设备购置及安装费、控制直流系统设备购置及安装费、配电装置设备购置及安装费 3 项费用，并对此 3 项费用进行层层分解，分析影响上述费用的主要影响因子。具体分析结果参见图 3-1。

由图 3-1 可知，影响上述 3 项费用的主要因子有主变电容量、主变压器台数、主变压器价格、高压侧出线回路数、中压侧出线回路数、低压侧出线回路数、配电装置价格、配电装置布置型式、高抗容量、无功补偿容量等（王佼，2013）。考虑到主变压器价格与主变电容量具有一定的相关性，配电装置价格与配电装置布置型式具有一定的相关性，因此，这两个因素对

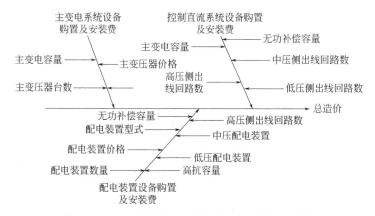

图3-1 变电工程静态造价主要构成费用分解指标鱼骨图

静态投资的影响很大程度上已经被包含在主变电容量和配电装置布置型式中，不必再单独对这两个因素进行分析。考虑到主变压器价格和配电装置价格还同时间因素有关，但鉴于本章考虑搜集的样本是非时间性的连续数据，在同一年份里或相近年份间，不需要考虑物价、相关费率及银行基准利率等经济因素对工程造价的影响，所以可以暂时剔除主变压器价格、配电装置价格等经济指标对静态造价的影响。

另外，考虑到主变压器台数与主变电容量密切相关，而且同期投产一台主变压器或两台及以上主变压器对工程造价的影响并非是简单的倍数关系，因此这里采用同期一台主变压器容量（简称：主变电容量）和同期剩余变压器容量（简称：剩余变电容量）两个因素来综合考虑变电站总变电容量和变压器总台数两类影响因素。

因此，初步筛选出对 220kV 变电工程静态造价影响较大的技术等因素，包括主变电容量、剩余变电容量、无功补偿容量、高压侧出线回路数、中压侧出线回路数、低压侧出线回路数、配电装置型式 7 个主要影响因素，以及主变压器价格和配电装置价格两个技术经济影响因素，由此9个指标构建出变电工程造价影响因素库，为变电工程造价管控人员提供技术参考。

3.3 变电工程静态造价关键影响因素筛选

3.3.1 变电工程静态造价影响因素样本分析

本章节针对变电工程静态造价关键影响因素开展研究。共搜集国家电网系统内近年间已经竣工投产的220kV变电工程样本17个，其中静态投资共计近18.43亿元，主变电容量共计7340MV·A，剩余变电容量共计3040MV·A。下面对样本其他特征分布情况进行简要介绍。

① 按配电装置型式统计（参见表3-13）。

表3-13 按配电装置型式统计样本

项目	高压配电装置	
	GIS 配电装置	非 GIS 配电装置
样本数量	5	12

② 按变电容量分布统计（参见表3-14）。

表3-14 按变电容量分布统计样本

主变压器容量 /MV·A	本期台数 / 台	剩余变压器容量 /MV·A	剩余台数 / 台
120	1	120	2
180	27	180	8
220	2	220	1
240	4	240	7
共计（台）	34	共计（台）	18

变电工程新造价指标及
其值预测研究

③ 按高压侧、中压侧、低压侧出线回路数分布统计（参见表 3-15～表 3-17）。

表3-15　按高压侧出线回路数分布统计样本

高压侧出线回路数 / 回	样本数 / 个
4	1
6	4
8	3
10	2
12	7

表3-16　按中压侧出线回路数分布统计样本

中压侧出线回路数 / 回	样本数 / 个
6	3
8	1
10	2
12	5
14	6

表3-17　按低压侧出线回路数分布统计样本

低压侧出线回路数 / 回	样本数 / 个
4	3
6	7
8	5
12	2

3.3.2　变电工程静态造价影响因素分类

（1）主变电系统影响因素

主变电容量：指变电站本期变压器的总额定容量。此参数指标反映主要变压器输送电能的能力。

剩余变电容量：指变电站本期剩余变压器的总额定容量。此参数指标反映剩余变压器总体输送电能的能力。

（2）控制及配电系统影响因素

无功补偿容量。无功功率补偿是一种在电力供电系统中提高电网的功率因数，降低供电变压器及输电线路的热损耗，提高供电效率，并改善供电环境的技术。所以，无功功率补偿装置在电力供电系统中处在一个不可缺少的、非常重要的位置。无功功率补偿装置的额定容量简称为无功补偿容量。合理地选择无功补偿装置，可以做到最大限度地减少电网的损耗，提高电网质量。反之，若选择或使用不当，可能造成供电系统中电压波动、谐波增大等情况（宋嘉璇，2016）。

高压侧出线回路数。一般指低压电流经变电站中变压器高压一侧的高压线圈、铁芯、高压输入接线端等构成的高压侧装置后，变为高压电流，再由高压侧电缆并网输出，此时变压器高压侧出线电缆的回路数即高压侧出线回路数。

中压侧出线回路数。低压电流经变电站中变压器较高等级电压一侧的线圈、铁芯、中压输入接线端等构成的中压侧装置后，变为较高压电流，再由中压侧电缆并网输出，此时变压器较高压侧出线电缆的回路数即中压侧出线回路数。或高压电流经变电站的变压器较低压一侧的线圈、铁芯、输入接线端等构成的中压侧装置后，变为较低压电流，再由中压侧电缆并网输出，此时变压器较低压侧出线电缆的回路数即中压侧出线回路数。

低压侧出线回路数。高压、中压电流经变电站的变压器低压一侧的低压线圈、铁芯、低压输入接线端等构成的低压侧装置后，变为低压电流，再由低压侧电缆并网输出，此时变压器低压侧出线电缆的回路数即低压侧出线回路数。

配电装置型式：通常高压配电装置型式主要有三种。第一种是空气绝缘的常规配电装置（简称：AIS），其母线裸露，直接与空气接触，断路器可用瓷柱式或罐式。其特点是对外绝缘距离大、占地面积广，但投资少、安装简单、可视性好。现大多数电力用户使用的均是这类配电装置。第二种是混合式配电装置（简称：H-GIS），其母线采用开敞式。第三种是六氟化硫气体绝缘全封闭配电装置（简称：GIS）。GIS 的优点在于占地面积小、可靠性高、安全性强、维护工作量很小。另外，主要部件的维修间隔不少于 20 年。其缺点是投资大，对运行维护的技术性要求很高。在不影响后面章节分析结果的前提下，本章节将配电装置型式划分为 GIS 型和非 GIS 型，并令 GIS 型 =1，非 GIS 型 =2，将定性属性量化处理，以便于后面章节定量分析。

3.3.3　变电工程静态造价关键影响因素回归分析

（1）变电工程静态造价影响因素相关性分析

经过前面章节关于造价构成费用主成分分析及主要费用构成指标鱼骨图分解，识别出主变电容量、剩余变电容量及高压侧出线回路数等 7 个变电工程造价主要影响因素。为便于后面章节对于造价影响因素的相关性分析，这里依据业内专家经验将此 7 个影响因素，即主变电容量、剩余变电容量、高压侧出线回路数、中压侧出线回路数、低压侧出线回路数、无功补偿容量及配电装置型式分成两组，分别进行相关性分析。再将各组中保留下来的因素汇集后进行因素独立性检验，以保证本章最终所保留下来的造价影响因素均具有较好的独立性，为后面章节回归分析及新造价指标的构建提供有效的技术支撑。

首先，将主变电系统影响因素，即主变电容量和剩余变电容量因素进行相关性分析，保留独立性较好的因素。分析结果见表3-18。主变电容量与剩余变电容量的相关系数为 −0.079，说明它们之间相关性较弱，所以第一组经相关性分析后，保留主变电容量和剩余变电容量为独立性因素。

表3-18　变电工程静态造价第一组影响因素相关性分析结果

项目		主变电容量	剩余变电容量
主变电容量	Pearson 相关性	1	−0.079
	显著性（双侧）	—	0.762
	N	17	17
剩余变电容量	Pearson 相关性	−0.079	1
	显著性（双侧）	0.762	—
	N	17	17

其次，将控制与配电系统影响因素，即高压侧出线回路数、中压侧出线回路数、低压侧出线回路数、无功补偿容量及配电装置型式因素进行相关性分析，保留独立性较好的因素，分析结果如表 3-19 所示。中压侧出线回路数和低压侧出线回路数均同无功补偿容量因素强相关。根据电力输送的高效率原则，由于中、低压侧出线回路数在一定程度上可以反映线路输送中有功容量的大小，所以需要相应无功容量与其匹配，这也印证了中压侧出线回路数和低压侧出线回路数均与变电站无功补偿装置（如：电抗器与电容器）的总无功补偿容量存在强相关性。因此，它们对变电工程造价的影响可以由无功补偿容量指标反映。故此处仅保留无功补偿容量为独立性影响因素，同时剔除中压侧出线回路数和低压侧出线回路数。因此，保留独立性较好的高压侧出线回路数和配电装置型式为独立影响因素。

变电工程新造价指标及
其值预测研究

表3-19 变电工程静态造价第二组影响因素相关性分析

项目		高压侧出线回路数	中压侧出线回路数	低压侧出线回路数	无功补偿容量	配电装置型式
高压侧出线回路数	Pearson 相关性	1	0.150	0.273	0.142	0.276
	显著性（双侧）	—	0.565	0.289	0.586	0.283
	N	17	17	17	17	17
中压侧出线回路数	Pearson 相关性	0.150	1	0.681**	0.940**	−0.005
	显著性（双侧）	0.565	—	0.003	0.000	0.984
	N	17	17	17	17	17
低压侧出线回路数	Pearson 相关性	0.273	0.681**	1	0.640**	0.040
	显著性（双侧）	0.289	0.003	—	0.006	0.879
	N	17	17	17	17	17
无功补偿容量	Pearson 相关性	0.142	0.940**	0.640**	1	−0.108
	显著性（双侧）	0.586	0.000	0.006	—	0.681
	N	17	17	17	17	17
配电装置型式	Pearson 相关性	0.276	−0.005	0.040	−0.108	1
	显著性（双侧）	0.283	0.984	0.879	0.681	—
	N	17	17	17	17	17

注：** 表示在 0.01 水平（双侧）上显著相关。

最后，将上面经过因素相关性分析后，保留下来的独立性较好的因素，即主变电容量、剩余变电容量、无功补偿容量、高压侧出线回路数及配电装置型式 5 个因素，汇集后进行独立性检验。具体分析结果参见表 3-20。5 个造价影响因素间相关性较弱，说明它们的独立性好，均通过了独立性检验予以保留。经过本章节因素相关性分析及独立性检验，获得主变电容量、剩余变电容量、无功补偿容量、高压侧出线回路数及配电装置型式，为 220kV 变电工程造价独立性影响因素。

表3-20　变电工程静态造价影响因素独立性检验结果

项目		主变电容量	剩余变电容量	无功补偿容量	高压侧出线回路数	配电装置型式
主变电容量	Pearson 相关性	1	−0.079	0.090	0.495*	0.055
	显著性（双侧）	—	0.762	—	0.043	0.834
	N	17	17	17	17	17
剩余变电容量	Pearson 相关性	−0.079	1	0.255	0.478	0.204
	显著性（双侧）	0.762	—	0.323	0.052	0.433
	N	17	17	17	17	17
无功补偿容量	Pearson 相关性	0.090	0.255	1	0.142	−0.108
	显著性（双侧）	0.730	0.323	—	0.586	0.681
	N	17	17	17	17	17
高压侧出线回路数	Pearson 相关性	0.495*	0.478	0.142	1	0.276
	显著性（双侧）	0.043	0.052	0.586	—	0.283
	N	17	17	17	17	17
配电装置型式	Pearson 相关性	0.055	0.204	−0.108	0.276	1
	显著性（双侧）	0.834	0.433	0.681	0.283	—
	N	17	17	17	17	17

注：*表示在 0.05 水平（双侧）上显著相关。

（2）变电工程静态造价独立影响因素敏感性分析

通过数理统计软件 SPSS，用上述分析所得出的 5 个 220kV 变电工程造价独立影响因素，开展对于变电工程静态造价的回归分析，从而识别变电工程造价的线性与非线性影响因素。

首先，利用 SPSS 软件进行造价影响因素回归分析。对 5 个通过独立性检验的 220kV 变电工程造价影响因素，即主变电容量、剩余变电容量、无功补偿容量、高压侧出线回路数及配电装置型式，进行 220kV 变电工程静态造价的回归分析。对 5 个独立性影响因素分别进行线性假设双侧 t 检验，若 $|t| \geq t_{a/2}$

（17）或概率 P 足够小，则拒绝 H_0，即认为 b_j 显著不等于零，自变量 x_j 对 y 有显著线性影响，属于造价的线性影响因素。相反，若 $|t| \geqslant t_{a/2}$（17）或概率 P 不够小，则为造价非线性影响因素。分析结果见表3-31，当 $a=0.05$ 时，$t_{0.05/2}$（17）=2.11，主变电容量、剩余变电容量和高压侧出线回路数通过检验，与变电工程造价（即：静态投资）成线性关系，而无功补偿容量和配电装置型式未通过检验，为非线性影响因素。

表3-21　造价影响因素回归分析系数表

模型	非标准化系数		标准系数	t	Sig.
	B	标准误差	试用版		
（常量）	1047.335	1924.523	—	0.544	0.597
主变电容量	10.579	2.619	0.488	4.040	0.002
剩余变电容量	8.989	3.337	0.330	2.694	0.021
高压侧出线回路数	527.293	151.588	0.483	3.478	0.005
无功补偿容量	−4.297	13.216	−0.033	−0.325	0.751
配电装置型式	−449.833	662.027	−0.068	−0.679	0.511

注：因变量为静态投资（元）。

其次，对这5个因素进行工程静态造价的敏感性分析，仍然采用 SPSS 软件，分析结果见表3-22，按照敏感系数由高到低排列为：主变电容量＞高压侧出线回路数＞剩余变电容量＞配电装置型式＞无功补偿容量。其中3个线性影响因素，即主变电容量、高压侧出线回路数、剩余变电容量，相对于变电工程造价较为敏感。而非线性影响因素配电装置型式和无功补偿容量相对于变电工程造价敏感性较弱，在一定范围内可剔除配电装置型式和无功补偿容量两个因素的影响。

最后，本书确定 220kV 变电工程造价关键影响因素为主变电容量、高压侧出线回路数、剩余变电容量。

表3-22 变电工程造价因素敏感性分析

工程造价（静态投资）	敏感系数绝对值
主变电容量	0.49
高压侧出线回路数	0.48
剩余变电容量	0.33
配电装置型式	0.07
无功补偿容量	0.03

本章小结

本章通过对变电工程造价影响因素研究方法的梳理与比较，结合本书所搜集到的变电工程静态造价数据样本特性，确定采用主成分分析法（PCA）和回归分析技术来开展我国变电工程造价影响因素的识别与筛选工作。首先，对近年国网系统内已竣工投产运营的部分变电工程概算与决算构成费用开展 PCA 分析，识别影响变电工程造价的主要费用。其次，结合变电工程造价构成的技术与经济性指标特征，采用鱼骨图分析法，分别将变电工程的主要构成费用降解分析，初步识别出变电工程造价主要影响因素，并建立变电工程造价影响因素库，为变电工程造价管控人员提供技术参考。再次，通过造价影响因素的相关性分析与独立性检验，筛选出影响变电工程造价的独立性因素。最后，采用回归分析技术，识别变电工程造价线性独立影响因素和非线性独立影响因素，通过对独立影响因素的敏感性分析，筛选出变电工程造价关键影响因素，为后面章节设计并构建变电工程新造价指标奠定研究基础。

第4章

基于造价影响因素的变电工程静态造价新指标构建

在长期的变电工程造价预测与控制工作中，一直沿用传统单位主变电容量造价指标（万元/MV·A），来衡量变电工程造价，评价不同变电工程间的造价水平。然而，随着本书研究的不断开展，发现随着近年来变电工程新技术的不断应用，其技术方案复杂性、多样性不断增加，而目前采用的传统造价评价指标（即：万元/MV·A），由于考虑因素单一，已不能全面、准确地反映变电工程静态造价水平，对变电工程静态造价进行预测及控制时，存在不适用的地方。所以，本章开展了变电工程静态造价新指标研究及指标体系的构建工作。

4.1 变电工程静态造价新指标的构建原则及流程

4.1.1 变电工程静态造价新指标构建原则

在设计造价指标时，依据工程造价相关理论基础，结合变电工程建设的技术特征与经济特征，从影响造价的多个维度因素入手分析，开展变电工程静态造价新指标设计与构建工作，静态造价指标设计时无需考虑时间价值因素，且静态造价指标构建的途径，不同于动态造价指标需要通过指数法间接获得的构建途径。静态造价指标构建主要从静态投资构成费用入手，依据前面章节通过将影响造价主要费用指标在技术层面并结合工程所处建设环境因素，降解分析所获得的影响造价的关键因素，再将造价关键影响因素合理地设计进静态造价新指标中。然而，随着当前变电工程新技术的不断应用，其技术方案复杂性、建设环境多样性增加，导致指标构建时需要考虑的静态造价影响因素众多，如果将静态造价影响因素逐一设计进静态造价新指标中，会造成造价指标体系繁杂。显然，将诸多静态造价指标用于待建设变电工程前期投资决策阶段的估算，会造成造价指标不统一，估算造价确定标准不一致，使得投资方案比较分析效率低下等，不便于相关造价人员对静态投资估算的合理确定与控制。因此，本章依据以下原则开展变电工程静态造价新指标的构建研究。具体构建原则如下。

① 简明性原则。在给出决策所需要信息的前提下，应突出主要指标属性，尽量减少指标个数，达到控制目标的要求。因为过于繁多的造价指标会导致实际造价控制工作变得过于复杂，不利于造价控制工作的合理性开展。另外，通过精简化的指标设计，可以有效地保证各指标间的独立性，使指标的选择范围充分而必要。

② 客观性原则。确定造价指标的过程应避免或减少主观意愿，但必要时还需要征集社会各方面的意见，同时尽可能保证确定造价指标的设计人员的代表性、权威性、广泛性与独立性，尽量明确造价指标的内涵。

③ 可测性原则。工程造价预测时，由于许多应用数据无法获得，同时为了提高预测的精确度，通常在造价指标的设计中应该做到含义明确，数据资料收集方便，计算简单易于掌握。

④ 引导性与针对性相统一原则。所设计的造价指标应便于工程造价前期估算，同时要保证其设计的合理性、技术性，还

能确保经济效益、环境绿色效益、社会效益以及技术安全程度。另外，应该结合国家政策等发展战略目标，调整造价指标权重，使其能够适当反映国家技术发展导向，进而引导新技术目标的逐步优化。

⑤ 定性指标与定量指标相结合的原则。结合使用定性指标与定量指标，既便于用数学方法处理，使得对造价指标预测结果客观性更强，又可以通过定性方法弥补单一采用定量方法时，由造价数据固有缺陷造成的造价指标构建方面的困难。

⑥ 造价指标的设计投入与产出原则。价格是价值的货币表现形式，价格和价值呈正相关关系。价值是抽象劳动的凝结，是由商品中凝结的社会必要劳动时间所决定的。它随着生产所需要的社会必要劳动时间的增加而增加，也就是说价值同生产所需要的社会必要劳动时间成正比。要减少社会必要劳动时间就需要采取提高劳动生产率、资金利用率和设备利用率，降低原材料消耗，强化管理，加快技术进步等措施来提高经济效益。可见价格与经济效益成反比（王佼，2020）。

根据生产要素理论：

$$经济效益 = 产出量 / 投入量 \qquad (4.1)$$

在市场经济条件下，工程价值的货币表现形式是工程投资。根据价格的表达式［见式（4.1）］，工程造价指标的基本设计形式为式（4.2），根据式（4.2）设计变电工程静态造价新指标。

$$工程造价指标 = 工程投资 / 工程产出 \qquad (4.2)$$

4.1.2 变电工程静态造价新指标构建流程

为了确保本章所构建的变电工程静态造价新指标的客观性、合理性、科学性，以及易操作性，需要明晰静态造价指标构建的具体流程，主要包括三大步骤。

第一步，依据统计分析理论，运用主成分分析（PCA）技术将构成变电工程静态造价的各项费用进行主成分分析，识别并保留影响变电工程静态造价的主要费用指标。

第二步，首先，依据层次分析原理，运用鱼骨图分解技术，将构成且主要影响变电工程造价的各项费用进行技术层面与经济层面的指标因素降解分析。然后，结合变电工程造价人员实际经验，依据本书静态造价分析所搜集样本数据的性质，对变电工程静态造价诸多影响因素进行初识与分类。最后，采用多元线性回归分析（MLRA）技术，对变电工程静态造价诸多影响因素进行分类后的独立性检验与敏感性分析，保留影响变电工程静态造价关键因素，同时依据回归分析原理辨别出变电工程线性关键影响因素和非线性关键影响因素。

由于此处所提及的第一步和第二步在前一章——变电工程造价静态控制因素识别与筛选中已经完成，本章可以直接从前一章所建立的变电工程造价影响因素库中提取所需的造价关键影响因素。

第三步，首先依据生产要素理论，结合传统变电容量造价指标——单位主变电容量造价（万元 /MV·A）的设计形式，先将线性关键影响因素设计进单位静态造价新指标中，从而构建出变电工程单位总变电容量静态造价指标（万元 /MV·A）。然后，采用系数调整法，将非线性关键影响因素设计进新指标中，构建出变电工程单位变电综合可比造价指标［万元 /（MV·A·回）］。最后，构建出两个变电工程静态造价新指标，即：单位总变电容量静态造价指标（万元 /MV·A）、单位变电综合可比造价指标［万元 /（MV·A·回）］。提取国家电网有限公司近年来已竣工投产的 220kV 变电工程造价数据为样本，对本章所构建的变电工程造价指标进行离散性检验与合理性分析，将检验与分析结果同传统造价指标对比分析，验证本章所构建静态造价新指标的科学性、合理性。

4.2 以220kV变电工程为例构建静态造价新指标及其体系

4.2.1 构建变电工程静态造价新指标

变电工程造价关键影响因素是指在影响变电工程项目投资额度的诸多因素中，该因素微小变化会导致投资造价发生显著变化，是分析变电工程造价影响因素中的重点。本章节根据实际问题及专业知识，结合第3章中变电工程造价影响因素分析结果，识别并筛选出220kV变电工程造价关键影响因素，具体见表4-1。

表4-1 变电工程造价关键影响因素性质对照

影响因素	性质
主变电容量	
高压侧出线回路数	线性
剩余变电容量	

根据生产要素理论[参见式（4.1）]，以及传统变电工程单位静态造价指标[参见式（4.3）]设计新造价指标。

单位主变电容量造价（万元/MV·A）＝静态投资/主变电容量
$$\text{（4.3）}$$

本章节依据220kV变电工程造价关键影响因素的敏感系数大小排列（排列结果如表3-22所示，即主变电容量＞高压侧出线回路数＞剩余变电容量），结合各影响因素的特点，来设计静态造价新指标。

（1）基于剩余变电容量因素的新指标设计

由于传统静态造价指标——单位主变电容量（万元 /MV·A）的设计中［见式（4.3）］，仅考虑了主变电容量这一个线性影响因素，而未考虑高压侧出线回路数和剩余变电容量因素，那么，本章节依据实际工程的具体情况，将剩余变电容量对变电工程静态造价的影响，设计进静态造价指标中。

依据第 3 章中变电工程造价独立影响因素敏感性分析可知（参见表 3-22），主变电容量是对静态投资敏感系数最大的，其次是高压侧出线回路数，再次是剩余变电容量。鉴于主变电容量和剩余变电容量总和，是变电站所有变压器额定容量的总和，能够准确反映变电站的总变电容量；因此，本章节将总变电容量因素设计进静态造价指标中。根据式（4.1）和式（4.3），设计静态造价新指标——单位总变电容量造价（万元 /MV·A），并将该指标作为本书所研究的静态造价新指标体系中的中心造价指标，具体新指标设计模型参见式（4.4）。

单位总变电容量造价 = 静态投资 / 总变电容量
　　　　　　　 = 静态投资 /（主变电容量 + 剩余变电容量）

（4.4）

（2）基于高压侧出线回路数因素的新指标设计

此处，对照传统变电工程造价指标——单位主变电容量造价（万元 /MV·A）的设计思路，结合高压侧出线回路数的特点，将高压侧出线回路数设计进新指标中。仍以中心静态造价指标——单位总变电容量造价为基础，将高压侧出线回路数直接设计进新指标，从而得到造价辅助控制指标——单位变电容量综合可比造价。具体新指标设计模型参见式（4.5）。

变电工程新造价指标及
其值预测研究

$$単位変電容量综合可比造价 [万元/(MV \cdot A \cdot 回)]$$
$$= 静态投资/(总变电容量 \times 高压侧出线回路数) \quad (4.5)$$

4.2.2　组建变电工程静态造价新指标体系

（1）变电工程静态造价指标体系模式比较

① 层次型造价指标体系。根据造价指标体系的目标需要，通过分析技术的功能层次、结构层次、逻辑层次，建立相应的造价指标体系。在技术控制工作中多采用这种造价指标体系（陈良美，2005）。

② 网络型造价指标体系。在技术比较复杂的系统中，若出现造价指标难以分离，或者系统造价预测模型本身有要求时，可以在局部采用网络状的造价指标体系（陈莉，2009）。

③ 多目标型造价指标体系。对于复杂技术而言，追求单一的目标预测与控制，往往具有很大的局限性和危险性，通常解决的方式是建立多目标控制体系。在多目标控制体系中，每个目标的控制指标体系可以是层次型的，也可以是网络型的，甚至可以分解为多目标型（袁冰，2008）。

（2）变电工程静态造价新指标体系构建

依据变电工程造价实际情况和造价的预测与控制的目标，本章将所构建的变电工程静态造价新指标组建层次性体系结构。以变电工程静态造价关键影响因素为总目标层，并考虑将其他相对关键的影响因素设计为造价控制分目标层或准则层，以各具体造价指标作为指标层，构成变电工程静态造价指标结构层次。

综上所述，220kV 变电工程新静态造价指标体系，由传统单位造价指标和两个新造价指标构成，即一个中心静态造价指标——单位总变电容量造价（万元 /MV·A）；两个辅助静态造价指标——单位主变电容量造价（万元/MV·A）和单位变电综合可比造价 [万元/（MV·A·回）]。

4.3 220kV变电工程静态造价新指标检验及适用范围分析

4.3.1 220kV变电工程静态造价新指标检验

本节为保证本书所构建的变电工程静态造价新指标的科学性、实用性，选用近年国家电网系统中华北地区已竣工投产运行的 220kV 变电工程 14 个，并将所构建的两个新造价指标与传统造价指标，分别应用到这 14 个变电工程样本的离散性分析中，验证本章研究所得结论的准确性；同时指出指标体系中各指标具体应用范围，以达到有效提高 220kV 变电工程静态造价预测与控制水平的目的。

采用 SPSS 软件，对变电工程传统静态造价指标进行工程样本的离散性分析，分析结果见图 4-1。14 个工程样本的单位主变电容量造价均值为 30.39 万元/MV·A，标准差为 12.21[1] 万元/MV·A。那么由方差系数 = 标准差/均值，计算得方差系数为 0.40，方差系数较大，且大部分数据处于偏左位置，可见将其应用于不同条件下变电工程间造价比较分析时，其样本分布结果的离散性较大、精度低。

同理，分别对两个变电工程静态造价新指标进行样本分析检验。首先，对变电工程静态造价新指标——单位总变电容量造价（万元/MV·A），进行工程样本的离散性分析，分析结果

---

❶ 本章数据计算结果均采用四舍五入保留两位小数。

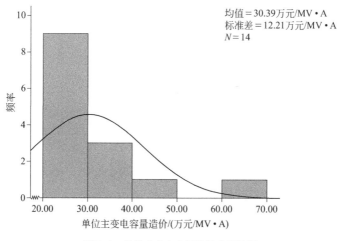

均值 = 30.39万元/MV·A
标准差 = 12.21万元/MV·A
$N = 14$

图4-1 单位主变电容量造价分析结果

参见图 4-2。其均值为 19.12 万元 /MV·A，标准差为 3.46 万元 /MV·A，计算得方差系数为 0.18，比单位主变电容量造价方差系数下降 55%，说明新静态造价指标由于考虑变电工程另一个造价关键影响因素——剩余变电容量，使得造价指标适应性得到了显著改善，同时其样本分布结果离散性大幅度降低，工程数据偏差程度明显好转，比较分析精度大大提高。

接下来对单位变电综合可比造价指标 [万元 /（MV·A·回）] 进行检验分析。分析结果参见图 4-3。其均值为 1.68 万元 /（MV·A·回），标准差为 0.21 [万元 /（MV·A·回）]，计算得方差系数为 0.13，较中心静态造价指标——单位总变电容量造价指标的方差系数下降了约 28%，工程样本分布趋于正态分布，分析结果的离散性和精度在单位总变电容量造价指标的基础上均有改善，而且比单位主变电容量指标方差系数下降了约 68%，这正符合本书第 3 章中变电工程造价影响因素分析所得的结论。同时比较发现，由于单位变电综合可比造价指标包含影响因素较多，其性能远高于变电工程传统造价指标——单

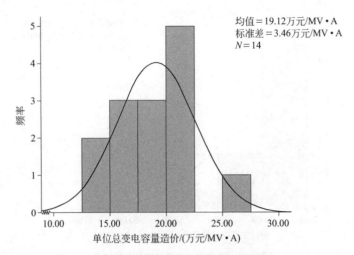

均值 = 19.12万元/MV·A
标准差 = 3.46万元/MV·A
N = 14

频率

单位总变电容量造价/(万元/MV·A)

图4-2　单位总变电容量造价分析结果

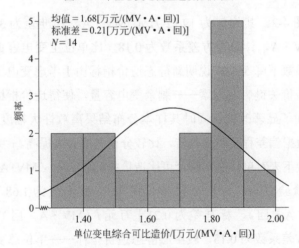

均值 = 1.68[万元/(MV·A·回)]
标准差 = 0.21[万元/(MV·A·回)]
N = 14

频率

单位变电综合可比造价/[万元/(MV·A·回)]

图4-3　单位变电综合可比造价分析结果

位主变电容量造价，同时也高于单位总变电容量造价指标。因此，笔者建议在变电工程高压侧出线回路数差异较大的情况下使用中心静态造价指标——单位总变电容量造价，并辅助使用单位综合可比造价指标，造价评价效率更高，比较分析结果更准确。而在变电工程间剩余变电容量差异不大时，可以继续使

变电工程新造价指标及
其值预测研究

用辅助指标——单位主变电容量造价，并配合使用中心静态造价指标——单位总变电容量造价更为适宜。

4.3.2 220kV变电工程静态造价新指标适用范围分析

（1）剩余变电容量差异较大时的工程间造价比较分析

本节仍选取国家电网系统内华北地区近年来已竣工投产的3个具有代表性的220kV变电工程，进行工程造价相关资料数据比较与分析，以说明建立变电工程静态造价新指标并构建指标体系的意义。工程主要数据资料具体参见表4-2，由表中所示的造价相关数据计算并制作单位主变电容量造价与单位总变电容量造价对比分析表（见表4-2）。当使用传统变电工程单位造价指标（万元/MV·A），分析比较同一年份、相同地域的不同工程造价控制水平高低时，容量相同或相近时的比较分析结果与使用新单位造价指标——单位总变电容量的造价比较分析部分结果一致，具体参见表4-2，A、B、C三个工程单位主变电容量造价由大到小排列为：A＞C＞B。使用单位总变电容量造价时，A、B、C三个工程单位总变电造价由大到小排列为：C＞B＞A。比较两次单位造价排序结果，不难发现由于B和C工程的剩余变电容量一致为0，所以使用传统变电单位造价指标——单位主变电容量造价与使用变电工程新造价指标——单位总变电容量造价时，两者的比较分析结果相同，均是C＞B。然而，剩余变电容量差异较大，则导致A和C两个工程间总变电容量差异较大，分别采用传统变电工程单位造价指标——单位主变电容量造价与使用变电工程单位新造价指标——单位总变电容量造价，进行工程间评价时所得到的结果大相径庭。在使用单位主变电容量造价时比较分析结果为A＞C，而在使用单位总变电容量造价时A＜C，说明在剩余变电容量相近或总变电容量差异不大的工程间造价控制水平比较分析时，继续沿用传统单位静态造价指标（万元/MV·A）仍有一定的实际意义；但当剩余变电容量差异较大，或总变容量差异较大的工程间造价控制水平比较时，建议使用单位静态造价新指标——单位总变电容量造价（万元/MV·A）来弥补传统造价指标的不足，提高变电工程造价预测与控制的准确性，新指标为变电工程的静态造价控制与预测提供了良好的基准和平台。

表4-2 变电工程造价基础资料及计算结果一

工程	主变电容量/MV·A	剩余变电容量/MV·A	总变电容量/MV·A	静态投资/万元	单位主变电容量造价/（万元/MV·A）	单位总变电容量造价/（万元/MV·A）
A	360	180	540.00	8044.28	22.35	14.90
B	540	0	540.00	9155.59	16.95	16.95
C	360	0	360.00	6833.61	18.98	18.98

（2）高压侧出线回路数差异较大时的工程间造价比较分析

类似前文，选取国家电网系统内华北地区近年来已竣工投产的两个具有代表性的220kV变电站工程为样本，工程样本基本资料参见表4-3，这两个工程的剩余变电容量和高压侧出线回路数均存在一定差异，能够保证检验结论具有科学性。

具体计算结果参见表4-3，通过结果的比较分析发现，在不考虑配电装置型式影响条件下，利用单位总变电容量指标和单位变电综合可比造价指标，比较D、E两个工程单位造价控制水平时，结果相同：D＞E。但使用单位总变电容量造价指标进行比较时，具体计算分析结果为D-E=42.92-13.90=29.02；当考虑高压侧出线回路数时，使用单位变电综合可比造价指标进行比较，其具体计算分析结果为D-E=7.15-

变电工程新造价指标及
其值预测研究

6.95=0.2。可见使用以上两个静态造价新指标进行变电工程间造价评价与控制时，虽然分析结果都是 D＞E，但后者考虑了另一个变电工程造价关键影响因素——高压侧出线回路数，导致工程间单位造价差距值缩小，说明后者分析结果比前者更加精确。这与本书前面章节研究所得结论一致。所以，笔者建议在工程间高压侧出线回路数差异较小时，仅采用单位总变电容量造价指标；而在高压侧出线回路数差异较大时，采用单位综合可比造价进行工程间造价评价与控制更为适宜。

表4-3　变电工程造价基本资料及计算结果二

工程	主变电容量/MV·A	剩余变电容量/MV·A	总变电容量/MV·A	高压侧出线回路数/回	静态投资/万元	单位总变电容量造价/（万元/MV·A）	单位变电综合可比造价/（万元/MV·A）
D	360	0	360	6	15451.19	42.92	7.15
E	360	180	540	2	7505.92	13.90	6.95

本章小结

由于传统造价指标考虑因素单一，用其进行变电工程间造价评价与控制时不能全面、准确地反映变电工程造价实际水平，存在许多不适用的地方，因此，本章针对变电工程静态造价新指标开展了一系列研究与构建工作。首先，依据造价指标设计原则，参考投入产出模型和传统造价指标设计模型，结合本书第3章变电工程造价静态控制因素识别与筛选的研究所得结果，将变电工程造价关键影响因素设计进静态造价指标中获得静态造价新指标。然后，针对变电工程新旧造价指标的特点，选择适宜的指标体系模式构建变电工程静态造价新指标体系，并利用 SPSS 软件，通过新旧静态造价指标离散性分析及其效果比较，验证本章所构建变电工程静态造价新指标的科学性。最后，通过实例应用分析指明变电工程静态造价新指标体系中各造价指标的具体应用范围，为电网公司或相关造价管理部门在相同或相近年份开展变电工程造价静态控制时提供有效指标工具。

变电工程新造价指标及
其值预测研究

第5章
变电工程造价动态管理指数系统建立

5.1 变电工程造价信息采集与分析

5.1.1 时间序列数据采集标准

作为造价执业者或咨询机构，在采集与分析数据信息前，需要确定造价数据信息采集标准，并依据信息的采集标准将相应工程造价信息及时、准确地录进造价信息系统，这也是未来建立造价数据库、获取造价信息的重要方式。

变电工程造价指数采集标准的建立是为了使用户更加方便、可行、合理地使用所收集的变电工程造价信息，使计算机能够进行存储、整理、分析、检索、查询等操作。在建立采集标准时，考虑到第3章研究获得影响变电工程造价的因素众多，例如自然环境因素、工程技术因素、价格因素、时间因素、主变电系统因素，以及控制与配电系统因素等，故将造价信息、特征信息和基本信息确定为信息采集的三个标准。

变电建设项目费用多集中在建筑工程费、设备购置及安装费上。其中设备购置及安装费主要体现在主变电系统设备购置及安装费、控制直流系统设备购置及安装费、配电装置设备购置及安装费上。因此，应该从变电工程类型进行时间连续性的造价数据采集与分析。具体变电工程造价数据信息采集标准结构，见图5-1。

5.1.2 工程造价信息的采集

（1）物价指数

我国一些地区的行业协会或组织，以及相关价格管理部门会定期跟踪相关物价的历史变化，发布相关物价指数，同时还会定期对外发布一些材料的价格信息等。例如，国内一些工程造价部门每年定期发布相关定额信息，包括单项价格指数（如人工费、材料价格、施工机械折旧及管理性费用）、分部分项工程价格指数（如建筑安装工程造价指数），以及综合价格指数（如：单项工程造价指数或建筑工程造价总指数）（戴朝晖等，2011）。再如，中国钢铁工业协会每月定期对外发布国际、国内不同品种钢材的最新价格及其价格指数等。另外，可以将所收集与整理的物价信息，经过数据系统处理后，直接用于建立相应的工程造价指数系统，并应用到相关造价领域中，以提升相关领域的工程造价管理水平。

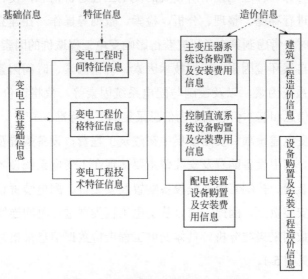

图5-1　变电工程造价数据采集标准结构

变电工程新造价指标及
其值预测研究

（2）市场价格信息

目前，我国具备市场化程度较高的建筑材料和安装设备市场。搜集一些主要建筑材料、机械设备的价格相对容易，同时一些行业咨询机构和造价管理部门都能将行业内人工、主要建筑材料、安装设备以及施工机械台班等最新市场价格信息予以定期发布。通常造价人员可在对应网站或相关专业期刊上，查找到所需信息的原始数据。例如，中国电力企业联合会每年会根据上一年度内相关电力工程中人工、主要建筑材料，以及机械台班等价格的测算结果，对本年度电力工程定额进行一次调整，同时将调整后的造价信息及时对外公布出去，以便更好地指导相关电力工程的建设与造价管理工作。

然而，随着当今计算机网络技术的迅速发展，我们搜集相关造价信息较为容易的同时，也出现了一些问题。例如，在我国一些地区，行业协会、咨询机构、造价管理部门等单位的服务对象和运营目标存在差异，从而导致各单位在网络上公开发布相关领域内的人工、材料、设备等价格信息时，存在一定的局限性或片面性。再如，电力工程造价部门一般以3年为一个周期对电力工程定额全面更新，而且调整的信息量较少且覆盖面窄，不能作为指导当期或近期变电工程精准造价的依据。

采集变电工程人、料、机等价格信息，有助于我们确定与控制变电工程造价，还可为编制相关造价指数（如材料价格指数等）提供必要数据，所以需要我国工程造价管理部门及相关造价管理人员高度重视变电工程人、料、机等价格信息的采集。

（3）已完工工程造价资料

这里所述的已完工工程造价资料是指当前国家电网系统内，已经竣工投产的变电工程建设的相关造价资料，包括投资估算、设计概算、施工图预算，以及竣工结算与决算等造价资料信息。其中最为直接、最为宝贵的工程造价数据是竣工决算。由于它是建设工程的实际投资，最能反映建设工程的实际价值，可将其推广至同规模、同类、同期电力工程造价管理中。通过竣工决算与工程概算或预算的对比分析，能够准确发现工程自身存在的造价差异，并有针对性地分析差异产生的原因，以及时采取必要的造价防控措施，为待建设工程投资估算的准确性提供必要参考。另外，变电工程竣工阶段决算资料的搜集与整理，可为编制新的变电工程造价文件提供依据，还可为变电工程造价指数的编制提供有效的数据支持。

在国外，一些国家已经建立较为完整、科学的工程历史造价数据库。该数据库不仅是权威、准确的工程造价指数的来源，同时还可提供各种建设工程造价指标。国外对历史工程造价数据的收集，主要包括历史工程建设全过程造价资料和不同建设阶段工程量等信息。通过这些必要的造价信息，能够让相关造价管理人员更好地了解相似建设项目的工程特征，进而为编制待建设工程造价文件提供重要的信息参考。然而，目前在我国变电工程建设领域，对历史工程的造价资料的收集与分析工作的重视程度还不够，暂未建立起较为完善的历史工程数据的收集、分析与处理机制，从而导致大量变电工程历史造价数据的流失。因此，有必要通过搜集我国较为丰富的变电工程历史造价数据资料，建立变电工程造价数据库，应用数理统计、聚类分析等现代数据挖掘技术，经过筛选、整理、计算、分析历史造价数据，并汇总造价信息，开展变电工程造价指数设计工作，建立较为科学、完善的变电工程造价指数系统，使其在实际工程造价管理中充分发挥作用。

变电工程新造价指标及
其值预测研究

5.1.3　数据采集的鉴别模型

（1）基于误差分析的数据鉴别必要性

由于在采集工程造价资料过程中不可避免出现错误，加之造价数据多取自不同项目主体，数据间差异较大，因此，需要对所采集的工程造价数据进行数据鉴别及误差分析，以保证所采集数据的准确性。其中，通过对所采集的造价数据资料进行误差分析，判断数据的取舍，以提高数据采集的准确性。为了降低产生数据误差的概率，合理地设计采集数据标准，需要通过误差分析，将大量工程造价数据去伪存真，以获取更加真实、可靠的变电工程造价数据。

鉴于后文用于指数构建所需采集相关造价的信息量较大，且要求数据在时间上保持连续，所以，为了提高数据采集的效率，需要通过数据鉴别模型，将每一年度中的同类型若干工程数据作奇异值鉴别，进而筛选出有效造价数据。此外，测算该年度此类工程造价数据的平均值，或选取典型工程的造价数据，可保证本章所建立的工程造价动态管理指数系统具有较高的实用与推广价值。

（2）基于误差分析的数据鉴别的步骤

主要步骤：首先，通过对误差来源进行分析，划分误差类别；其次，检验所采集的工程数据是否合理；最后，如果发现所采集的工程造价数据中存在的坏值，需要将坏值予以剔除。

基本思想：假定在连续时间段内，所采集的工程造价数据是服从某一分布（例如正态分布）的随机变量，如果在规定置信概率的区间以外发现绝对值较大的误差，即可判定为较大误差，那么，应剔除该工程造价数据值。

（3）误差判别法分类及应用

通常误差判别的方法主要包括拉依达法和格拉布斯法。其中当数据样本容量足够大时，采用拉依达准则可以不用查表，使用起来更加方便。但是如果数据样本容量较小，采用该准则进行误差判断时，会降低判断结果的准确性。而当数据样本容量较小时，采用格拉布斯准则，则会大大提升判断结果的准确性，但是该准则需要查表使用。下面具体介绍两种误差判别标准。

① 拉依达法鉴别标准　拉依达法又称为 3 倍标准偏差法，是美国混凝土标准中所采用的方法。该方法的判别标准通常定为 3 倍标准偏差，即在多次试验中用 3 倍标准偏差（$3S$）作为取舍可疑数据的标准。换句话说，当一个数据 X_i 同该组数据的算术平均值 $\overline{X}_n$ 之差大于 3 倍标准偏差时，该数据应舍弃。

如式（5.1）所示：

$$|X_i - \overline{X}_n| > 3S \tag{5.1}$$

式中，$\overline{X}_n = \dfrac{X_1 + X_2 + \cdots + X_n}{n}, i = 1, 2, \cdots, n$；$S = \sqrt{\dfrac{1}{(n-1)} \sum (X_i - \overline{X}_n)^2}$。

这种理论的基础，认为统计数据的均值 μ 和标准差 σ 服从正态分布，按照正态分布的理论，存在表 5-1 中分布情况。

表5-1　拉依达数据分布

数据分布范围	数据分布概率 /%
$\mu - 1\sigma < X_i < \mu + 1\sigma$	68.26
$\mu - 2\sigma < X_i < \mu + 2\sigma$	95.46
$\mu - 3\sigma < X_i < \mu + 3\sigma$	99.73
$\mu - 4\sigma < X_i < \mu + 4\sigma$	99.994
$\mu - 5\sigma < X_i < \mu + 5\sigma$	99. 99994
$\mu - 6\sigma < X_i < \mu + 6\sigma$	99. 99999998

由于样本点数据仅可能以 0.27% 的概率落在（$\mu - 3\sigma$，$\mu + 3\sigma$）范围之外，而此概率一般属于小概率事件，在大多数研究领域

变电工程新造价指标及
其值预测研究

中，通常认为小概率事件不会发生，所以，小概率事件一旦发生，则可认定该数据异常。

通常在数据采集的初期阶段，有效样本容量不大，数据量较少，因此，需要尽可能扩大数据采集的范围。此时，可通过确定 t 分布临界点和测算现有数据，将 4S 确定为判别标准。那么，取 4S 作为判别标准的理由是根据随机变量的正态分布规律，在多次试算中，数据仅可能以 0.006% 的小概率落在 $\overline{X}_n-4S$ 与 $\overline{X}_n+4S$ 之外，但却以 99.994% 的大概率落在 $\overline{X}_n-4S$ 与 $\overline{X}_n+4S$ 之内。因而在实际采集数据过程中，一旦小概率事件发生，即可判定该数据为异常数据，要求提供人员作出说明并进行分析，否则应予以舍弃。

因此，对于判别结果要求不高或需要多次检测时，可以应用拉依达法。该法要求较宽，不需查表，简单方便。在采用拉依达法判别数据误差时，首先，需要将已采集到的数据排队，然后计算出这组数据的平均值及标准差，当某个新采集的数据的残差大于 4 倍标准差时，则判定该数据为异常数据。

② 格拉布斯法鉴别标准　首先，把新采集的数据与已有的合格的同类数据，进行从小到大排列，见式（5.2）。

$$X_1<X_2<\cdots<X_n \qquad (5.2)$$

当新采集的样本工程数据为最小值或最大值时，方可利用格拉布斯法判定。若新采集的样本工程数据在式（5.2）数列中间，即非最小值或非最大值，则可认定该数不存在奇异，属于合理数据。

其次，确定鉴别风险概率 α。若 α 是一个较小的概率值，假设为 0.01、0.025、0.05 等，为利用格拉布斯方法鉴别奇异数据出现误判的概率，那么置信概率 $P=1-\alpha$，即对应 α 的 P

为 0.99、0.975、0.95 等。如果要求不严格，α 可以定得大一些，例如设定 $\alpha=0.1$，那么 $P=0.9$。但通常情况下 $\alpha=0.05$，那么 $P=0.95$ 为本书所取标准。

再次，测算 q 值。若新采集的样本工程数据疑似奇异小数据，则令：

$$q=\frac{\overline{X}_n-X_i}{S} \tag{5.3}$$

若新采集的样本工程数据疑似奇异大数据，则令：

$$q=\frac{X_i-\overline{X}_n}{S} \tag{5.4}$$

式（5.3）和式（5.4）中，$\overline{X}_n=\dfrac{X_1+X_2+\cdots+X_n}{n}$，$i=1,2,\cdots,n$；$S=\sqrt{\dfrac{1}{(n-1)}\sum(X_i-\overline{X}_n)^2}$。

然后，依据 P 和 n 的值，查表获得 $q(n,P)$ 的值，进一步对数据鉴别。具体 $q(n,P)$ 对应值见表 5-2。

表5-2 $q(n,P)$ 对照数据

P	n							
	3	4	5	6	7	8	9	10
0.95	1.45	1.46	1.67	1.82	1.94	2.03	2.11	2.18
0.975	1.15	1.48	1.71	1.89	2.02	2.13	2.21	2.29
0.99	1.15	1.49	1.75	1.94	2.10	2.22	2.32	2.41

P	n							
	11	12	13	14	15	16	17	18
0.95	2.23	2.29	2.33	2.37	2.41	2.43	2.48	2.50
0.975	2.36	2.41	2.46	2.51	2.55	2.59	2.62	2.65
0.99	2.48	2.55	2.61	2.66	2.71	2.75	2.79	2.82

P	n							
	19	20	21	22	23	24	25	30
0.95	2.53	2.56	2.58	2.60	2.62	2.64	2.66	2.75
0.975	2.68	2.71	2.73	2.76	2.78	2.80	2.82	2.91
0.99	2.85	2.88	2.91	2.94	2.96	2.99	3.01	3.10

P	n							
	35	40	45	50	60	70	80	100
0.95	2.82	2.87	2.92	2.96	3.03	3.09	3.14	3.21
0.975	2.98	3.04	3.09	3.13	3.20	3.26	3.31	3.38
0.99	3.18	3.24	3.29	3.34	3.41	3.47	3.52	3.60

数据参考：徐国祥. 2004. 统计指数理论及应用 [M]. 北京：中国统计出版社。

最后，进行 q 值比较。若 $q > q(n,P)$，则将新采集到的数据判定为奇异数据，并认定此数据为不可信数据，要求提供人员作出相应解释；若 $q < q(n,P)$，认定新采集的样本工程数据不是奇异数据，予以保留。其中 $q(n,P)$ 值与原有的采集数据个数和置信水平有关系，可通过查表获取。

综上所述，由于拉依达准则使用方便，不用查表，但要求样本容量 n 足够大，所以当样本容量 n 不足够大时，判断可靠性不高。而格拉布斯准则要求 n 不是很大，比较适合小样本容量数据鉴别。在判别的可靠性方面，格拉布斯准则较准确。因此，依据本章研究所搜集的变电工程时间序列样本数据的数量和质量情况，选择合适的鉴别模型对样本数据进行筛选。

5.2 变电工程动态造价指数构建模型

造价指数是动态反映工程造价的重要工具，可用于预测变电工程造价的变化，以及这些变化带给市场经济的影响。变电工程造价指数可以对不同时期变电工程造价的变化趋势和幅度进行研究。通过选择指数计算模型来构建及测算变电工程造价指数。

当前指数计算模型主要分为两种，即拉斯贝尔指数和派许指数两大计算模型。工程领域中指数设计模型主要包括：投入要素价格指数、分部分项工程价格指数、单位工程造价指数、单项工程造价指数等模型。

5.2.1 拉斯贝尔指数模型和派许指数模型

经过本书前面相应章节的论述，可知变电工程造价的分部分项工程主要包括主变电系统工程、配电装置工程等，而由分部分项工程汇总而成的单位工程有安装工程、建筑工程等，其中分部分项工程造价中人、材、机的价格指数均为个体指数，而分布分项工程造价指数和单位工程造价指数等多为综合指数，是一种质量指标指数。

一般情况下，个体指数只需要将报告期值与基期值相比即可测算出来，其计算模型相对简单。但针对造价综合指数（例如分部分项工程造价指数、单位工程造价指数等），由于其指数模型中包含"量与价"双层因素的变化，有必要对"量与价"进行综合度量。因此，如何选择同度量因素至关重要，具体来说，是选取基期计划消耗数量为同度量因素，还是选择报告期实际消耗数量为同度量因素至关重要。

鉴于选择同度量因素的角度不同，指数研究与应用领域主要分为两大经典派别：一是拉斯贝尔指数（简称：拉氏指数），主张选取基期权数；另一个是派许指数（简称：派氏指数），主张选取报告期权数（崔文琴等，2011）。两大类指数模型具体如下所示。

① 拉斯贝尔质量指数。以基期商品数量为同度量因素，比较报告期该商品价格与基期该商品价格变化情况。此时计算如式（5.5）所示：

$$L_p = \frac{A_0 P_{A1} + B_0 P_{B1} + \cdots}{A_0 P_{A0} + B_0 P_{B0} + \cdots} = \frac{\sum q_0 p_1}{\sum q_0 p_0} \qquad (5.5)$$

式中，L_p 代表拉氏物价指数；q_0 $(A_0, B_0, \cdots)$ 代表一组商品基期数量；p_0 $(P_{A0}, P_{B0}, \cdots)$ 对应该组商品基期价格；p_1 $(P_{A1}, P_{B1}, \cdots)$ 对应该组商品报告期价格。

② 派许质量指数。以报告期商品数量为同度量因素，比较报告期该商品价格与基期该商品价格变化情况。此时计算如式（5.6）所示：

$$P_p = \frac{A_1 P_{A1} + B_1 P_{B1} + \cdots}{A_1 P_{A0} + B_1 P_{B0} + \cdots} = \frac{\sum q_1 p_1}{\sum q_1 p_0} \qquad (5.6)$$

式中，P_p 代表派氏物价指数；q_1 $(A_1, B_1, \cdots)$ 代表一组商品报告期数量；P_0 $(P_{A0}, P_{B0}, \cdots)$ 对应该组商品基期价格；p_1 $(P_{A1}, P_{B1}, \cdots)$ 对应该组商品报告期价格。

③ 拉斯贝尔数量指数。以基期商品价格为同度量因素，比较该商品报告期数量与基期数量变化情况。此时计算如式（5.7）所示：

$$L_q = \frac{P_{A0} A_1 + P_{B0} B_1 + \cdots}{P_{A0} A_0 + P_{B0} B_0 + \cdots} = \frac{\sum p_0 q_1}{\sum p_0 q_0} \qquad (5.7)$$

式中，L_q 代表拉氏物价指数；P_0 $(P_{A0}, P_{B0}, \cdots)$ 代表一组商品基期价格；q_0 $(A_0, B_0, \cdots)$ 对应该组商品基期数量；q_1 $(A_1, B_1, \cdots)$ 对应该组商品报告期数量。

④ 派许数量指数。以报告期商品价格为同度量因素，比较该商品报告期数量与基期数量变化情况。此时计算如式（5.8）所示：

$$P_q = \frac{P_{A1}A_1 + P_{B1}B_1 + \cdots}{P_{A1}A_0 + P_{B1}B_0 + \cdots} = \frac{\sum p_1 q_1}{\sum p_1 q_0} \tag{5.8}$$

式中，P_q 代表派氏物价指数；P_1（$P_{A1}, P_{B1}, \cdots$）代表一组商品报告期价格；q_0（$A_0, B_0, \cdots$）对应该组商品基期数量；q_1（$A_1, B_1, \cdots$）对应该组商品报告期数量。

通过上述造价指数计算模型的对比分析，由于拉氏质量指数计算模型 [参见式（5.5）] 将同度量数量因素固定在基期，将该模型用于分部分项工程造价指数设计时，要按照过去商品或要素消耗量测算分部分项工程要素价格的变动程度；所以采用拉氏质量指数测算模型，仅需将基期权重或消耗量锁定为过去的某个典型工程。因此，只要将典型工程确定即可，其数据分析与计算量相对简单，但其模型中分子项与分母项的差额，说明由于价格的变动且按过去的消耗量实施分部分项工程时，将多支出或少支出金额，这些金额的变化显然没有实际意义。而派氏质量指数计算模型 [参见式（5.6）] 以报告期权重或消耗量为同度量因素，使价格变动与实际的消耗数量相关联，而不仅仅是与价格变动前的消耗数量相关联，比较符合价格指数的经济意义。但采用派氏计算模型，由于费用权重是以报告期的某个典型工程为准，那么需要确定每一次报告期的典型工程，这会加大报告期工程数据的搜集、整理、分析与计算的难度。

综上所述，结合本章所要设计的变电工程造价指数的性质与意义，依据具体问题具体分析的原则，决定如何选取指数测算与构建模型。

5.2.2 基于派氏模型的投入要素单项价格指数计算

投入要素单项价格指数，主要指变电工程建设中涉及到的各种人工成本指数、各种耗材（材料）价格指数，以及施

变电工程新造价指标及
其值预测研究

工机械台班费用指数等。由于其属于个体指数，编制过程无需考虑权重因子，可以直接用报告期价格与基期价格相比后获得。例如，第 i 种材料价格单项指数计算公式如式（5.9）所示。

$$T_i^{\mathrm{d}}=(P_i^1/P_i^0)\times 100 \qquad (5.9)$$

式中，T_i^{d} 为投入工程的第 i 种材料报告期价格单项指数（d 代表单项）；P_i^1 为投入工程的第 i 种材料报告期价格；P_i^0 为投入工程的第 i 种材料基期价格；$i=1,2,\cdots,n$。在变电建设工程中人工成本指数与机械台班费用指数的测算与材料价格指数类似，这里不再赘述。

在变电工程建设过程中会涉及多种人工、材料以及机械。那么，就需要我们测算人工成本、材料价格以及机械台班费用的各自综合价格指数。

5.2.3 基于权重分析的投入要素综合价格指数计算

投入要素综合价格指数中人、料、机的综合价格指数，分别由其人工、材料，以及机械台班单项价格指数通过派氏指数法测算得到。在变电工程建设与安装工程中涉及的建筑安装材料种类繁多。例如，变电工程主要耗材包括三相三绕组变压器、单相接地开关、氧化锌避雷器、铜母线等。而变电工程中分部分项工程所涉及的耗材价格指数都属于综合指数，测算时需考虑权重因子，采用派氏指数法求得。这里将同度量因素确定为报告期耗材量，符合派许体系质量指标的适用条件。此时材料价格综合指数的计算公式可以表示为：

$$T_{ji}^{z}=\left(\frac{\sum q_{ji}^1 p_{ji}^1}{\sum q_{ji}^1 p_{ji}^0}\right)\times 100 \qquad (5.10)$$

式中，T_{ji}^z 为第 j 项分部分项工程中投入的第 i 种材料综合价格指数（z 代表综合）；p_{ji}^1 和 p_{ji}^0 分别为第 j 项分部分项工程中投入的第 i 种材料报告期价格与基期的价格或费用；q_{ji}^1 为第 j 项分部分项工程中投入的第 i 种材料报告期耗用量或费用权重；$j=1,2,\cdots,m$；$i=1,2,\cdots,n$。需要注意的是变电工程建设与安装材料规格品种繁多，应该依重点选取主要的大宗材料进行指数测算。变电建设工程中人工成本与机械台班费用综合指数测算，同材料价格综合指数类似，这里不再赘述。

5.2.4 基于权重分析的综合实体单位造价指数计算

综合实体单位造价指数（参见图 5-2）主要包括分部分项工程单价指数、单位工程单价指数等综合实体单价指数。其中作为汇总计算分部分项工程费用的重要依据，分部分项工程造价指数既是工程量清单价格中最小组成部分，又是投入要素单项价格指数与各综合实体单位造价指数之间的连接桥梁，还是变电工程所涉及的各专业造价指数编制的基础数据。因此，它在指数系统中发挥着重要的作用。分部分项工程单价指数采用派氏指数模型设计并测算，具体模型如式（5.11）所示：

$$K_j^z = \sum w_{ji}^1 T_{ji}^z \qquad (5.11)$$

式中，K_j^z 为第 j 项分部分项工程报告期综合单价指数（z 代表综合）；w_{ji}^1 代表实际对应期第 j 项分部分项工程中第 i 种投入要素费用占该项工程总费用的比重；T_{ji}^z 为实际对应期第 j 项分部分项工程中投入的第 i 种投入要素综合价格指数；$j=1,2,\cdots,m$；$i=1,2,3$。变电工程其他综合实体单位造价指数测算模型类似，这里不再赘述。

5.3 变电工程动态造价指数系统组建

5.3.1 变电工程造价指数系统组建模式选择

① 网络型指数系统。当待控制对象系统具有较复杂的技术，即系统中出现难以分离的指标，或者系统中指标模型本身有要求时，可以采用网络状结构建立指数系统。

② 多目标型指数系统。追求单一的目标控制，对于复杂技术系统而言，一般存在较大危险性和局限性。那么，解决这类问题可以采用多目标控制系统结构。

③ 层次型指数系统。依据控制目标的需要，通过分析技术的逻辑层次、功能层次，以及结构层次等，建立相应的层次型指数系统。该结构在工程技术经济及管理工作中经常被用来组建指数系统。

依据变电工程动态造价实际情况和造价的动态控制目标，本章将造价指数系统结构设计为层次型，从而对应的变电工程动态造价指数系统也为层次型结构。

5.3.2 组建变电工程动态造价指数系统

变电工程动态造价按照计算标准不同，可以分为变电工程总动态造价与变电工程单位动态造价。本节选取变电工程单位动态造价［即：变电工程单位容量动态造价（万元／MV·A）］作为研究对象来编制变电工程单位造价指数，更能快速反映出连续年度里变电工程造价间总体平均动态造价水平。变电工程造价按照是否考虑时间因素等，可分为静态造价和动态造价。鉴于本章主要从变电工程造价动态管理入手，开展变电工程动态造价指数系统组建研究，需要考虑连续年度中物价、银行基准利率等经济因素对工程造价的影响；所以应将动态造价作为研究连续年度变电工程造价变化的对象。综上所述，选取变电工程单位容量动态造价作为研究对象来编制造价指数，更适于不同年份工程间总体平均动态造价的趋势分析及管控。这也解决了以往文献研究所构建的变电工程造价指标没能对连续年份工程间造价及造价总体平均趋势开展合理分析与管控的问题。本章所构建的造价指数作为后一章节动态造价指标构建的测算基础，也是构建本章造价指数系统的基础。变电工程单位造价指数是以某一特定时期的变电工程单位总变电容量（万元/MV·A）这一动态造价指标为基数，其后各期变电工程单位总变电容量动态造价指标与其对应基数的比值。结合前面章节造价指数生成研究结果，对变电工程而言，相对完整的造价指数层次体系（参见图5-2）中应包括1个一级指标，即变电工程单价指数；4个二级指标，即主要生产工程单价指数、辅助生产工程单价指数、与所址有关的单项工程单价指数、其他费用单价指数；3个三级指标，即建筑工程单价指数、设备购置费单价指数、安装工程单价指数；7个四级指标，即主变压器系统价格指数、配电装置价格指数、电容器装置价格指数、控制及直流系统价格指数、站用电系统价格指数、全站电缆及接地价格指数、通信及远动系统价格指数；2个五级指标，即安装费综合指数、装置性材料费综合指数；3个六级指标，即人工成本综合指数、材料综合指数、机械台班费用综合指数；3个七级指标，即人工成本指数、材料价格指数、机械台班费用指数。

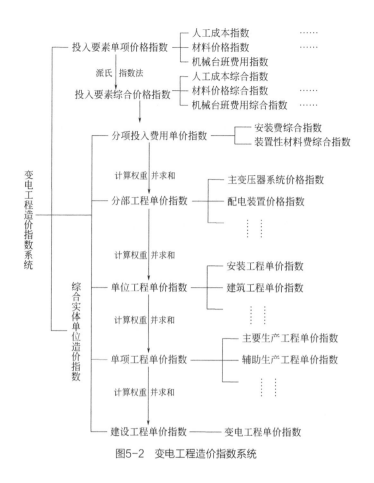

图5-2 变电工程造价指数系统

本章小结

  本章通过将指数分析法引入我国变电工程动态造价预测与控制中,以实现电网公司及相关造价管理部门对变电工程造价动态管理的目标。首先,依据采集标准,结合具体实际工程造价信息,选择适宜的数据采集鉴别模型,提取适合本章开展变电工程造价动态管理指数系统研究的工程样本数据。其次,依据拉斯贝尔指数和派许指数构建模型的具体应用范围比较，结合我国变电工程造价指数的内涵及特点，选取更适合变电工程造价质量指标分析的派许指数模型，并将其作为建立我国变电工程动态造价指数的基础模型。再次，依据变电工程自身造价特点，设计出基于派许模型的投入要素单项价格指数模型、基于权重分析的投入要素综合价格指数模型、基于权重分析的综合实体单位造价指数模型。最后，依据三种具体指数模型的形式，建立变电工程造价指数系统，为后续开展变电工程动态造价新指标构建研究奠定理论基础和技术支持。

变电工程新造价指标及
其值预测研究

第6章
基于造价指数的变电工程动态造价新指标构建

6.1 变电工程动态造价新指标构建流程

为了使造价指标能够准确、客观地反映变电工程动态造价水平，本章以传统动态造价指标——单位主变电容量动态造价（万元/MV·A）为基础构建变电工程动态造价新指标——单位总变电容量动态造价（万元/MV·A），并利用第5章已建立的变电工程造价指数为工具，即：将变电工程造价指数作为动态造价新指标的调整系数，构建变电工程动态造价新指标。鉴于此，变电工程动态造价新指标的主要构建流程如下所示。

首先，要采集近年国网系统中已竣工投产运营的典型变电工程动态造价数据信息，该过程实质是为构建变电工程造价指数，由于变电站建设安装工程属于电网建筑工程重要组成部分，可以参考其他建筑领域已经构建的造价指数所依据的动态造价信息采集标准，并结合我国变电工程动态造价数据特点进行相关工程造价数据信息的采集。

其次，通过对所采集的造价数据资料进行误差分析，判断数据的取舍，以提高数据采集的准确性。为了降低产生数据误差的概率，合理地设计采集数据标准，需要通过误差分析，将大量工程造价数据去伪存真，以获取更加真实、可靠的变电工程造价数据，用于变电工程造价指数（即：动态造价指标）构建研究。

再次，通过对当期两大指数计算模型，即拉斯贝尔指数模型（简称：拉氏指数）和派许指数模型（简称派氏指数）比较分析，结合变电工程动态造价数据自身特点，考虑造价数据信息采集的便易性和所生成指数的实用性，选择适宜的指数计算模型来构建变电工程造价指数。

最后，构建变电工程造价指数，再利用其测算出相应变电工程新动态造价指标。提取国网系统内 S[1] 省 2014～2020 年已竣工投产的典型 220kV 变电工程数据样本 7 个（均为相应年份内具有代表性的 220kV 变电工程造价数据），对本章所构建的变电工程动态新造价指标进行合理性分析，最终证明本书所建立的造价指数，对变电工程单位总变电容量动态造价指标进行测算的结果，与实际造价的偏差程度较小，说明了本书所构建的变电工程动态造价新指标具有较高的实际应用性。由于建立变电工程指数系统工作已在本书第 5 章完成，本章主要以变电工程实例为研究对象，开展基于变电工程造价指数的动态造价新指标构建与合理性分析等必要仿真工作。

6.2 变电工程动态造价新指标及指标体系构建

对应第 5 章已经建立的变电工程造价指数系统，本章开展构建变电工程动态造价指标及指标体系研究。因此，该指标体系中对应包括 1 个一级指标，即单位变电工程造价；4 个二级指标，即主要生产工程单价、辅助生产工程单价、与所址有关的单项工程单价、其他费用单价；3 个三级指标，即建筑工程单

---

[1] 基于数据保密原则，此处及后文均以字母代替具体省份。

变电工程新造价指标及
其值预测研究

价、设备购置费单价、安装工程单价；7个四级指标，即主变压器系统价格、配电装置价格、电容器装置价格、控制及直流系统价格、站用电系统价格、全站电缆及接地价格、通信及远动系统价格；2个五级指标，即安装费、装置性材料费；3个六级指标，即人工综合成本、材料综合价格、机械台班综合费用；3个七级指标，即人工成本、材料价格、机械台班费用。最终，本章节所构建的变电工程动态造价指标体系如图6-1所示。

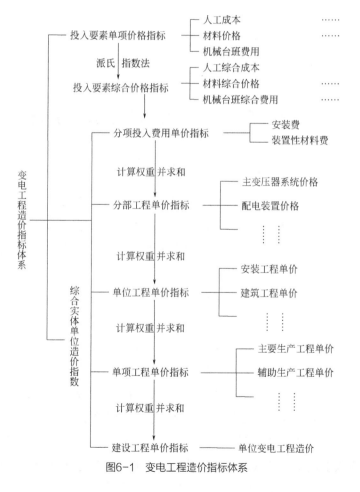

图6-1　变电工程造价指标体系

鉴于变电工程建设工艺较为复杂，本章所构建的变电工程动态造价新指标，用于相应变电工程建设各个阶段动态造价确定与控制时，可以依据具体工程建设阶段需要，选择合适的指数作为该阶段动态造价指标——单位总变电容量动态造价（万元/MV·A）的调整系数，对该阶段动态造价指标进行重新测算与构建。其中，造价指数系统中的一级指标——单位变电工程造价指数，可以作为我国相关造价部门进行连续年份变电工程总体间造价及其趋势分析的重要工具，基于此，指数测算及构建动态造价指标又可以为我国变电工程的快速估价与项目投资决策提供重要参考。

6.3 变电工程动态造价新指标合理性分析

6.3.1 以220kV变电工程为例分析

首先，为了更好地体现本书第5章所研究建立的变电工程造价指数系统符合变电工程造价动态管理的目标，本章节从中国电力企业联合会造价信息网和相关电力工程造价咨询单位，搜集到2014～2020年国家电网系统内，S省电网已竣工运行的连续年份变电工程数据样本7个，其均为对应年份内该省电网中220kV典型变电工程造价数据。变电工程造价构成中主要涉及变电站相应变电系统、配电设备等购置费用，安装变电站设备的人工费和装置材料费用，建设变电站的人工、材料、机械台班的费用等。由于变电工程造价构成比较复杂，那么，本章节首先主要以变电站主要安装工程造价指数测算为例，将安装工程费逐级分解到安装费、装置性材料费两项主要安装工程投入费用中。其次，根据指数设计原则，依次逐级计算出安装

变电工程新造价指标及
其值预测研究

工程各级造价单价指数，并通过它们测算出变电站安装工程单价指数。再通过类似的方法计算得到变电站建筑工程单价指数、设备购置费单价指数等。此处为便于后文指数计算，在不影响本章研究结果准确性的前提下，故将设备购置费视为单位工程造价处理。再次，由此三类单位工程造价指数计算出变电站单项工程造价指数，即主要生产工程造价指数、辅助生产工程造价指数等。最终，由变电站单项工程单价指数计算出单位变电工程造价指数（即：变电工程动态造价指数）。

鉴于变电工程中涉及的设备、装置材料规格品种繁多，因此，本节考虑在不影响构建变电工程造价指数系统的整体研究思路，以及易于推广本书的指数编制方法的前提下，仅选取主要的设备、装置材料及对应的安装费用（含人工成本等合价）进行指数计算。由于变电工程安装过程中主要涉及安装费和装置性材料费两项，此处以变电工程的安装费用为例依次测算各级各项指数，再由各级各项指数逐级汇总后，计算获得变电工程造价指数。通过技术及经济等相关专业将变电工程分解，发现构成变电工程的分部分项工程繁多，这里受到篇幅限制仅列举安装工程中主要分部分项工程，即主变压器系统工程、配电装置、35kV 电容器装置、控制及直流系统、站用电系统、全站电缆及接地、通信及远动系统。

（1）投入要素单项价格指数

选取国家电网系统内，S 省 2014 ～ 2020 年已竣工的 7 个 220kV 典型变电工程造价数据为样本。首先，统计每年变电工程中变压器安装费单位造价，以 2014 年为基期（基数取 100），其后各年为报告期，采用式（5.9）测算出变压器安装费单项指数，具体见表 6-1。同理，采用该指数模型测算出投入其他分部分项工程中的单项安装费等单项价格指数，这里不再赘述。

表6-1　变压器安装费单项指数

名称	时间/年						
	2014	2015	2016	2017	2018	2019	2020
变压器安装费/（元/MV·A）	645	663	652	514	687	414	563
安装费单项单价指数	100	103	101	80	106	64	87

（2）投入要素综合价格指数

同理，以上述工程造价数据为样本，首先，统计每年220kV变电工程中投入全站电缆及接地工程的各项安装费（参见表6-2和表6-3）。然后，以2014年为基期（指数取100），其后各年为报告期，采用式（5.10）测算出每一年全站电缆及接地工程安装费的综合价格指数，其中同度量因素为报告期费用权重。此处权重以报告期全站电缆及接地工程各项安装费占全站电缆及接地工程安装总费用比值为准。具体各年度费用占比和最终测算出的全站电缆及接地工程安装费综合指数，如表6-4所示。采用同样的指数模型可测算出投入全站电缆及接地安装工程装置性材料费综合指数，计算结果参见表6-5，此处不再赘述。

表6-2　全站电缆及接地投入安装费用原数据

名称	时间/年						
	2014	2015	2016	2017	2018	2019	2020
电力电缆/元	525214	438205	451598	496950	450568	569987	537617
控制电缆/元	703474	476981	508063	696163	678403	808053	769418
电缆辅助设施/元	248313	220695	214036	226227	389293	405321	444508
电缆防火/元	300205	300205	509289	502488	475289	417495	440953
全站接地/元	301418	320081	318952	347234	371180	377655	541977

名称	时间/年						
	2014	2015	2016	2017	2018	2019	2020
变电站容量/MV·A	540	540	540	720	540	960	720
全站电缆及接地（合计）/元	2078624	1756167	2001939	2269063	2364733	2578511	2734473

表6-3　全站电缆及接地工程投入单位安装费用　单位：元/MV·A

费用名称	时间/年						
	2014	2015	2016	2017	2018	2019	2020
电力电缆	973	811	836	690	834	594	747
控制电缆	1303	883	941	967	1256	842	1069
电缆辅助设施	460	409	396	314	721	422	617
电缆防火	556	556	943	698	880	435	612
全站接地	558	593	591	482	687	393	753
全站电缆及接地（合计）	3849	3252	3707	3151	4379	2686	3798

表6-4　全站电缆及接地分部安装费占比及综合单价指数

名称	时间/年						
	2014	2015	2016	2017	2018	2019	2020
电力电缆安装费占比/%	25	25	23	22	19	22	20
控制电缆安装费占比/%	34	27	25	31	29	31	28
电缆辅助设施安装费占比/%	12	13	11	10	16	16	16
电缆防火安装费占比/%	14	17	25	22	20	16	16
全站接地安装费综合占比/%	15	18	16	15	16	15	20
全站电缆及接地安装费综合单价指数	100	82	97	81	110	68	95

（3）综合实体单位造价指数

① 分部分项工程单价指数 分部分项工程单价指数可以作为设计限额指标，用于指导类似工程前期建设投资估算。它作为投入要素价格指数和综合实体单位造价指数之间的连接指数，是编制其他综合实体单位造价指数的重要数据。因此，本章以220kV变电工程中全站电缆及接地安装工程为例，采用式（5.11）计算分部分项工程单价指数，其中式（5.11）中各因子指数的权重，即基期（2014年）各对应的安装费和装置性材料费两项总价占全站电缆及接地安装工程总费用比值（参见表6-5）。计算全站电缆及接地安装工程综合单价指数，计算结果见表6-5。其他分部分项工程单价指数测算与之相同，计算结果参见表6-6，不再赘述。

表6-5 全站电缆及接地工程分项费用占比及综合单价指数

名称	时间/年						
	2014	2015	2016	2017	2018	2019	2020
安装费综合指数	100	82	97	81	110	68	95
装置性材料费综合指数	100	76	82	61	92	63	64
安装费占比/%	39	38	38	36	41	38	40
装置性材料费占比/%	61	62	62	64	59	62	60
全站电缆及接地安装综合单价指数	100	78	88	68	99	65	76

表6-6 变电主要分部分项工程综合单价指数

指数名称	时间/年						
	2014	2015	2016	2017	2018	2019	2020
主变压器系统工程综合单价指数	100	116	63	85	128	69	91
配电装置综合单价指数	100	124	89	106	101	72	86

变电工程新造价指标及
其值预测研究

指数名称	时间/年						
	2014	2015	2016	2017	2018	2019	2020
35kV 电容器装置综合单价指数	100	100	100	100	54	28	38
控制及直流系统综合单价指数	100	81	104	100	187	114	149
站用电系统综合单价指数	100	107	76	119	123	95	128
全站电缆及接地综合单价指数	100	78	88	68	99	65	76
通信及远动系统综合单价指数	100	88	124	164	167	84	170

② 单位工程单价指数 安装工程费是变电工程造价的重要组成部分，因此安装工程是控制变电工程造价的主要单位工程之一。本章以安装工程为例，仍以 2014 年数据为基期数据（基期指数取 100），采用式（5.11）测算该单位工程单价指数，将该单位工程中各分部分项费用单价指数作为因子（参见表 6-6），以报告期各分部分项工程安装费用占安装工程造价的比例为权重（参见表 6-7），计算安装工程单价指数，结果参见表 6-7。同理，以上述工程数据为样本，测算其他单位工程单价指数，测算结果见表 6-8。此处不再赘述。

表6-7　变电分部分项工程费用占比及安装工程单价指数

名称	时间/年						
	2014	2015	2016	2017	2018	2019	2020
主变压器系统 /%	6	9	5	7	7	7	8
配电装置 /%	11	17	12	16	10	13	13
35kV 电容器装置 /%	5	6	6	7	2	2	3
控制及直流系统 /%	5	5	6	7	9	10	11
站用电系统 /%	1	1	1	2	1	2	2

名称	时间/年						
	2014	2015	2016	2017	2018	2019	2020
全站电缆及接地/%	72	62	67	61	56	66	63
通信及远动系统/%	0.3	0.3	0.4	1	0.4	0.4	1
安装工程单价指数	100	91	86	82	94	71	78

③ 单项工程单价指数　单项工程是指具有独立的设计文件，可作为独立工程，在竣工后具有独立生产能力并可以发挥效益的工程。且它可由多个单位工程组成。因此，单项工程造价可由其所包括的多个单位工程造价构成。那么，单项工程单价指数，同样可由多个单位工程单价指数加权计算后获得［参见式（5.11）］。变电工程中主要生产工程造价由建筑工程费、安装工程费和设备购置费等构成。本章为便于指数测算，在不影响最终研究结果准确性的前提下，将设备购置费视为单位工程造价处理。将单位工程单价指数作为变电工程单项工程单价指数测算因子，以各单位工程费占对应单项工程造价比例为权重因子，计算出单项工程单价指数。本章以主要生产工程为例，以 2014 年为基期进行测算（基期指数取 100），以后各年均为报告期，计算主要生产工程单价指数。具体结果见表 6-8。同理，以上述工程数据为样本，测算其他单项工程单价指数，测算结果见表 6-9。此处不再赘述。

表6-8　变电单位工程费用占比及主要生产工程单价指数

名称	时间/年						
	2014	2015	2016	2017	2018	2019	2020
建筑工程综合单价指数	100	88	94	112	114	102	97
设备购置单价指数	100	114	120	125	132	126	119
安装工程单价指数	100	91	86	82	94	71	78

名称	时间 / 年						
	2014	2015	2016	2017	2018	2019	2020
建筑工程费占比 /%	14	10	11	11	14	18	23
设备购置费占比 /%	76	82	79	80	74	68	64
安装工程费占比 /%	11	9	10	10	12	14	13
主要生产工程单价指数	100	110	114	121	125	114	109

④ 建设工程造价指数　建设工程是指为人类生活、生产提供物质技术基础的各类建筑物和工程设施的统称，是人类有组织、有目的、大规模的经济活动，是固定资产再生产过程中形成综合生产能力或发挥工程效益的工程项目。建设工程可由多个可以单独发挥作用的单项工程组成。例如，变电站建设工程逐级分解为主要生产工程、辅助生产工程、与所址有关的单项工程等。因此，变电工程造价主要由主要生产工程费用、辅助生产工程费用、与所址有关的单项工程费用和其他费用（包括建设场地征用及清理费、编制年价差、建设期贷款利息等）构成。本书为便于变电工程造价指数测算，在不影响最终研究结果准确性的前提下，将其他费用视为单项工程处理。那么，将四项单项工程单价指数作为变电站建设工程单位造价指数测算因子，以各单项工程费占变电工程造价比例为权重因子，计算出变电工程单位造价指数。同样以 2014 年为基期进行计算（基期指数取 100），具体计算结果见表 6-9。

表6-9　变电单项工程费用占比及变电工程单价指数

名称	时间 / 年						
	2014	2015	2016	2017	2018	2019	2020
主要生产工程单价指数	100	110	114	121	125	114	109
辅助生产工程单价指数	100	90	86	94	85	56	52

名称	时间 / 年						
	2014	2015	2016	2017	2018	2019	2020
与所址有关的单项工程单价指数	100	105	185	89	231	168	125
其他费用单价指数	100	74	110	117	116	97	94
主要生产工程费占比 /%	72	70	70	73	74	72	78
辅助生产工程费占比 /%	2	2	2.5	2	2.5	6	3
与所址有关的单项工程费占比 /%	2	2	3.5	1	4.5	4	3
其他费用占比 /%	24	26	24	24	19	18	16
变电工程单位造价指数	100	100	114	119	125	110	105

6.3.2 变电工程总体平均动态造价趋势分析

本节通过前期收集并计算所得我国 2014 ～ 2020 年的 GDP 平减指数与经计算所得的变电工程造价指数（参见表 6-10 和图 6-2），不难发现，近年来 S 省电网 G 系统内变电工程造价指数变动趋势与我国 GDP 平减指数变动趋势明显相似，且两者的变化幅度也较接近，这体现了两者之间存在较好的相关性，与实际经济规律一致。但是，由于变电工程的总体造价随着 GDP 变化受到间接影响，而这一影响来源于 GDP 的变化对工程中所涉及的人工成本、材料价格以及机械台班费用等的直接影响。如图 6-2 所示，自 2016 年，变电工程造价指数趋势线高于 GDP 平减指数趋势线，这也恰恰说明全社会的平均价格水平增幅低于变电工程造价的变化。换句话说，说明社会平均通胀水平低于变电工程造价通胀水平，进而证明了电力工业在国民经济中的重要地位，也反映出经济发展电力先行这个普遍规律。

表6-10 指数变化趋势对比

指数名称	时间 / 年						
	2014	2015	2016	2017	2018	2019	2020
变电工程造价指数	100	100	114	119	125	110	105
GDP 平减指数	100	108	111	113	114	107	99

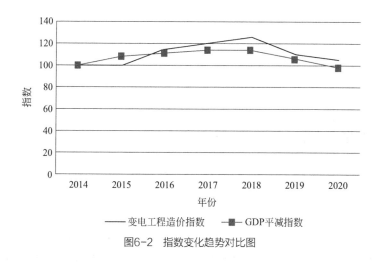

图6-2 指数变化趋势对比图

　　将前文所编制的变电工程造价指数系列乘以基期（2014年）变电工程单位造价（单位动态投资）18万元/MV·A，测算其他各年度220kV变电工程单位造价，并与相应年份对应的变电工程实际单位均价进行对比（参见表6-11）。通过分析发现，采用本章所构建造价指数对变电工程总变电容量动态造价指标进行测算，测算结果与实际造价的偏差程度较小。另外，通过指数测算并还原各年度内的变电工程总体平均动态造价，可以使得造价人员更好地利用这一动态造价新指标来比较联系年份间变电工程动态造价整体水平差异，以及利用此动态造价将待建设变电工程个体动态造价有效控制在一定的合理范围内（王佼，2020）。

表6-11 变电工程造价指数测算对照

名称	时间/年						
	2014	2015	2016	2017	2018	2019	2020
实际单位均价/(万元/MV·A)	18.00	19.31	20.02	18.78	23.30	17.49	18.95
测算单位造价/(万元/MV·A)	18.00	18.00	20.52	21.42	22.50	19.80	18.90
测算绝对误差	0.00	-1.31	0.50	2.64	-0.80	2.31	-0.05
相对误差/%	0.00	-6.78	2.50	14.06	-3.43	13.21	-0.26

注：保留小数点后两位。

本章小结

本章依据第5章建立的变电工程造价指数系统，结合S省电网系统内已竣工投产的典型变电工程，开展变电工程动态造价新指标的构建及仿真研究。通过实际变电工程数据的仿真分析，证明本书所建立的变电工程造价指数及以指数为基础构建的动态造价新指标，在连续年份中变电工程间动态造价控制，以及变电工程投资趋势预测等方面，都具有较高的应用价值。另外，本章通过收集我国近7年的GDP数据资料，计算获得我国2014～2020年的GDP平减指数，并将GDP平减指数分别同本章研究所获得的变电工程造价指数比较分析，得出（自2016年）变电工程造价指数变化趋势线始终略高于GDP平减指数变化趋势线的结论。这也恰恰说明全社会的平均价格水平增幅低于变电工程造价的变化，或者说社会平均通胀水平低于变电工程造价通胀水平，进而证明了电力工业在国民经济中的重要地位，反映了经济发展中电力先行的规律。

第7章
变电工程造价指标值预测研究

7.1 变电工程造价指标值预测及指标联合控制造价建议

7.1.1 变电工程造价指标值预测必要性分析

通过对待建设变电工程前期估算造价进行合理确定，可以有效控制工程建设后期概算、预算造价，从而将工程竣工验收阶段最终决算造价控制在合理范围内，以避免或减少投资浪费，提高电网建设中变电工程项目投资效率。以往在变电工程造价指标值预测方面，通常利用多年来所积累的各种工程造价数据信息，结合造价人员的实际经验，采用一些单一的数学方法或单一模型进行计算处理，最后对于工程造价作出大致估算。然而，随着我国变电工程建设规模不断扩大，技术复杂化、环境多样性等因素不断增加，导致采用变电工程单位主变电容量造价指标值作为待建设工程前期估算对象会为最终估算结果埋下偏差隐患。另外，过去所采用的造价预测模型多为单一预测模型，虽然每一种预测模型都有其优势，但也存在各自固有缺陷，每种预测模型对仿真数据都有不同的要求，即针对不同数据样本应选择适宜的预测方法或模型（于志恒，2016）；否则，会导致预测结果出现较大误差，从而进一步加大估算造价偏差的程度。因为由该估算造价对工程后续所形成的造价进行控制，自然会造成变电工程建设后期设计概算、施工图预算、竣工结算及决算等造价发生一系列偏差，最终导致"概算超估算、预算超概算、决算超预算"的"三超"现象的发生，造成电网公司变电工程项目建设投资浪费、投资效率低下的不良后果。为了有效控制变电工程造价，就需要合理确定工程建设前期估算造价，通过对相应造价指标值进行预测，获得较为准确的投资估算，再利用估算控制后期概预算等，将变电工程造价控制在合理范围内，避免或减少变电工程投资浪费现象，实现电网公司变电工程造价精益化管理目标。

本书第 4 章和第 6 章针对变电工程静态造价传统指标失真、动态造价传统指标失效问题，分别开展了构建相应变电工程静态造价新指标和动态造价新指标的一系列研究，并证明了本书所构建新造价指标的客观性、合理性、科学性。但是，对本书所构建的变电工程新造价指标的值进行精确预测时，还需要在现有变电工程乃至整个电力工程造价预测研究文献的成果基础上，对本章变电工程造价预测模型进行系统、深入的研究。本章结合我国变电工程静态造价数据与动态造价数据各自特点，选择更加适宜的方法优化组合的预测模型和灰色连续序列预测模型，分别对静态造价新指标的值和动态造价新指标的值进行预测。通过适宜的预测模型，对本书所构建的变电工程新造价指标的值进行预测仿真，进一步证明本章所构建的变电工程新造价指标的合理性。结合相应预测模型，充分发挥变电工程新造价指标在工程造价前期合理确定与造价后期有效控制等方面的作用。

7.1.2 变电工程静态造价新指标与动态造价新指标联合控制造价路线

鉴于目前本书研究暂时无法获取未来一段时间内待建设变电工程造价相关数据。所以，没有将本书预测所获得的估算造价应用于未来年度实际待建设变电工程前期的造价确定及后期控制中，这里仅提出对变电工程静态造价新指标与动态造价新指标联合造价控制方面的应用建议，具体如下。

第一步，首先，搜集目标年度（例如 2022 年）内待建设工程静态造价相关数据，采用灰色关联分析法（GRA）提取单位总变电容量静态造价主要影响因素，并将这些因素变量输入到本章已经构建并调试好的 PSO-SVR 模型中。然后，对待建设工程单位总变电容量静态造价进行预测，获得输出变量——待建设工程单位总变电容量静态造价（万元 /MV·A）。最后，以此静态造价作为待建设工程静态估算，将估算造价作为工程建设前期投资决策阶段造价方案的比选基准指标。目前国家对于工程投资决策阶段的估算误差为 ±10%，而采用本书所构建的静态造价新指标并通过 GRA-PSO-SVR 预测组合模型进行指标值预测，预测结果误差可降至 ±5% 以内。因此，如果该造价方案的静态造价超过此估算造价的 ±5% 范围，则该造价方案被自动放弃。这也能进一步提高我国变电工程造价静态控制水平。另外，对于未超过静态造价合理值范围而保留下来的造价方案进入下一步动态造价比选。

第二步，首先，提取未来目标年度（例如 2022 年）之前的 5～10 年间变电工程单价指数，将此连续年度造价指数输入灰色连续序列预测模型 GM（1,1）中进行预测仿真。其次，采用该 GM（1,1）模型对目标年度造价指数继续仿真预测，并保留好预测值。最后，利用目标年度变电工程单价指数测算出目标年度动态造价指标值。而该指标值实质是目标年度变电工程总体平均动态造价水平预估值，电网公司可以参照此预估值划定目标年度待建设工程动态造价合理范围，即未来目标年度变电工程总体平均动态造价 ±5% 范围。这个误差范围较目前国家对于工程投资决策阶段估算误差为 ±10% 的范围缩小一半，从而能进一步加强电网公司对变电工程造价的动态管理力度。

第三步，将通过第一步静态造价指标比选的待建设投资决策阶段造价方案进行动态造价比选，若造价方案中动态造价超出第二步所划定的目标年度待建设变电工程动态造价合理范围，则该造价方案也自动被淘汰。再将通过两轮比选所保留下来的待建设变电工程造价方案，从工程建设技术性及可操作性等方面分析与比较，获得待建设工程最优造价方案。因此，本书开展变电工程新造价指标构建及其值预测研究所构建的新造价指标及其指标值的预测模型，侧重于对变电工程建设前期投资决策阶段的估算造价合理确定与有效控制，从而避免或减少由变电工程建设前期投资估算不准确所造成的工程建设后期"概算超估算、预算超概算、决算超预算"的投资浪费现象。

7.2 变电工程静态造价指标值预测模型构建及仿真分析

预测模型是使造价指标得以充分发挥造价控制作用的必要工具。现阶段随着国内外学者对智能算法的深入研究，在非时间序列工程静态造价数据预测模型研究方面，出现了以 BP 为代表的神经网络、支持向量回归机（SVR），以及遗传算法优化下的支持向量回归机（GA-SVR）等预测模型（KONG F et al,2020）。但每一种模型在实际工程造价预测中均有不足之处。BP 神经网络要求大量的训练样本数据，从而导致网络模型训练时间较长，容易出现局部最优化等问题（刘玲等，2016）。SVR虽然能够较好地解决小样本、高维数、非线性，以及局部最优

变电工程新造价指标及
其值预测研究

化等实际问题（韦俊涛，2009），但针对变电工程预测的特殊性，单一利用支持向量回归机建模进行造价预测时，模型参数设置存在着盲目性，从而导致预测误差较大。经过遗传算法优化后的支持向量机（GA-SVR）模型，虽然可以在一定程度上对SVR 的参数进行优化，但却存在遗传算法自身的交叉率、变异率等复杂参数设置困难的问题（王佼等，2016）。

综上所述，本章结合变电工程静态造价数据的非时间序列特点，提出一种基于灰色关联分析（GRA）的 PSO-SVR 方法优化组合的预测模型，更适合待建设变电工程静态造价指标值的预测仿真分析。通过前面章节对变电工程造价主要影响因素的特征提取，结合小样本学习原理，构建待建设变电工程静态造价指标值预测模型，将预测所得的静态造价指标值，作为待建设变电工程静态造价前期投资估算，用于工程建设后期所形成的静态造价控制。换言之，通过静态造价指标值精确预测，可以使投资方准确估算待建设工程的静态造价，同时在工程建设投资决策阶段，为投资方事前比较备选方案的静态造价水平提供重要参考依据；在工程初步设计阶段，可以辅助概算审查人员进行合理的、快速的造价审查；在建设项目招投标阶段，可以帮助投标单位在保证其预期收益的前提下，优化自身报价策略，并快速确定其竞标价格，从而最大限度地提高中标概率（彭光金，2010），实现对变电工程全过程造价的有效静态控制。因此，本章开展的智能学习改进算法的方法优化组合预测模型的研究，对于静态造价新指标充分应用有重要的理论与实践意义。

7.2.1 静态造价新指标值预测仿真相关优化方法

依据静态造价数据属于非时间连续性序列，以及静态造价新指标构建基础是造价影响因素，本章在构建静态造价新指标的值预测仿真模型时，将采用灰色关联分析方法作为预测模型优化方法之一，通过前期将影响静态造价新指标—单位总变电容量静态造价（万元/MV·A）的主要影响因素进行特征提取，并将提取的主要影响因素作为输入变量，再将其输入到由粒子群优化后的支持向量回归机预测模型（PSO-SVR）中。粒子群优化方法对单一预测模型 SVR 进行优化时，能大大提高 SVR 预测模型对静态造价指标值的预测仿真效率（CHENG M L，2009）。总之，通过本章所构建的 GRA-PSO-SVR 组合优化预测模型对变电工程静态造价新指标的值进行预测仿真，其预测结果精度大幅度提升，说明该组合预测模型能充分发挥静态造价新指标在变电工程造价合理确定与静态控制方面的作用。具体优化方法的原理与实施步骤如下。

（1）灰色关联分析法（GRA）

灰色关联分析的概念是由灰色系统理论所提出的，通过灰色关联分析可以判定各子系统间密切联系的程度。某个系统发展变化态势可由灰色关联分析法提供量化的标准。其基本分析步骤如下。

① 确定比较矩阵　设参考数列（又称：系统特征序列）为 $x_0'=\{x_0'(k)|k=1,2,\cdots,n\}$；比较数列（又称：相关因素序列）为 $x_i'=\{x_i'(k)|k=1,2,\cdots,n\}$，其中 $i=1,2,\cdots,m$。

② 无量纲化数据处理　通常情况下，系统中各因素所表达的含义不尽相同，指标单位不一致（张妍，2017），从而导致样本数据的量纲差异较大，难以通过数据比较获取较为准确、科学的结论。因此，只有先将样本数据无量纲化处理，方可进行灰色关联分析。此处采用式（7.1）进行无量纲化数据处理。

$$x_i(k) = \frac{x_i'(k)}{x_i'(1)} \tag{7.1}$$

式中，$i=0,1,2,\cdots,m$；$k=1,2,\cdots,n$。

③ 确定灰色关联系数 $\xi_{0i}(k)$　所谓灰色关联系数，指对于参考数列 x_0，有若干个比较数列 $x_1,x_2,\cdots,x_m$，每一个比较数列与参考数列，在各个因素指标点上都有关联程度值即 ξ_{0i}，由式（7.2）算出。

$$\xi_{0i}(k)=\{\min_i\min_k|x_0(k)-x_i(k)|+\rho\max_i\max_k|x_0(k)-x_i(k)|\}$$
$$/\{|x_0(k)-x_i(k)|+\rho\max_i\max_k|x_0(k)-x_i(k)|\} \tag{7.2}$$

式中，ρ 为分辨系数，一般在 0 ～ 1 之间，通常取 0.5；$i=1,2,\cdots,m$；$k=1,2,\cdots,n$。

④ 计算关联度　通常称参考数列与比较数列在各个因素指标点上的关联程度值为关联系数。一般存在多个关联系数的值。但是，过于分散的信息不利于各子系统间进行整体性比较。因此，有必要采用求平均值的方法，将各因素指标点上的关联系数集中到一个值，并用它来表示比较数列与参考数列之间的关联程度，即关联度 r_{0i}，如式（7.3）所示：

$$r_{0i}=(1/n)\sum_{k=1}^{n}\xi_{0i}(k) \tag{7.3}$$

式中，$i=1,2,\cdots,m$；$k=1,2,\cdots,n$。

⑤ 关联度优势排序　关联度 r_{0i} 越大越好，说明比较数列 $x_i{}'$ 与参考数列 $x_0{}'$ 变化趋势更接近，或者说该因素序列指标对特征序列指标影响更强。为精确筛选出主要影响因素指标，通常可根据研究需要设定一个阈值 r，如果 $r_{0i} > r$，则视为目标关联。若相反，则认为虚假关联。根据 3-5-8 因素相关原则，为保证本章相关研究的精确性，将 r 强相关阈值设定为 0.7 较为适宜。

（2）支持向量回归机（SVR）

支持向量回归机是指用于作回归预测分析的支持向量机

（SVM）（宋宗耘，2017）。其核心思想是利用一个非线性映射 Φ，将数据 x 映射到高维特征空间（Hilbert 空间），将非线性函数回归问题转化到高维特征空间上的线性回归问题（汤俊等，2011）。给定的观测数据集 $D=\{(x_i,y_i)\}_{i=1}^n$，采用式（7.4）进行回归估计。

$$f(x)=\{\omega,\varphi(x)\}+b \tag{7.4}$$

式中，ω 是权向量；b 是阈值；两者又称为回归因子。通过最小化风险泛函获得式（7.5）：

$$\theta(\omega)=1/2\|\omega\|^2+C\sum_{i=1}^n L\left[f(x_i),y_i\right] \tag{7.5}$$

式中，C 称为惩罚系数；L（·）表示损失函数，一般取一次不敏感损失函数，计算如式（7.6）所示：

$$L_\varepsilon\left[f(x_i),y_i\right]=\max\{|f(x)-y|-\xi\} \tag{7.6}$$

最小化 Q（ω），可得：

$$\omega=\sum_{i=1}^n(\alpha_i-\alpha_i')\,\phi(x_i) \tag{7.7}$$

式中，α_i,α_i' 是最小化 $Q(\omega)$ 的对偶问题解。将 ω 代入式（7.4）得：

$$f(x)=\sum_{i=1}^n(\alpha_i-\alpha_i')\{\phi(x_i),\phi(x)\}+b=\sum_{i=1}^n(\alpha_i-\alpha_i')K(x_i,x) \tag{7.8}$$

式中，$K(x_i,x)=\{\phi(x_i),\phi(x)\}$ 称为核函数，并满足 Mercer 条件，常用 RBF 核函数如式（7.9）所示：

$$K(x_i,x)=\exp\{-|x-x_i|^2/2\sigma^2\} \tag{7.9}$$

式中，σ 为核函数的参数。

变电工程新造价指标及
其值预测研究

当 b 来自于边界上一点时，便可以依据 KKT 最优条件定理进行计算，但为了保证稳定性，通常取边界点上的平均值。

$$b=\text{average}\left\{\mu_k+y_k\sum_{i=1}^{n}(\alpha_i-\alpha_i')K(x_i,x)\right\} \qquad (7.10)$$

式中，μ_k 为预测误差。

综上所述，利用支持向量回归机（SVR）估算时，核函数的类型选取、核函数的参数 σ 以及惩罚系数 C 的设定都很重要，因为输入空间到特征空间映射的形式由所选取的核函数决定。同时，训练误差与模型复杂程度间的平衡关系，由所设定的惩罚系数 C 控制。因此，有必要调整这些重要参数，以达到获取模型最佳推广能力的目标。

（3）粒子群优化算法（PSO）

假设在一个 N 维空间进行搜索，可用两个 N 维向量表示粒子 i 的信息，即 $\boldsymbol{x}_i=(x_{i1},x_{i2},\cdots,x_{iN})^{\mathrm{T}}$ 和 $\boldsymbol{v}_i=(v_{i1},v_{i2},\cdots,v_{iN})^{\mathrm{T}}$ 分别代表粒子 i 的位置与速度。当粒子 i 找到两个最优解后，再依据式（7.4）来更新自己的位置和速度，如式（7.11）和式（7.12）所示：

$$v_{id}^{k+1}=\omega v_{id}^{k}+C_1\times rand_1^k\times(Pbest_{id}^k-x_{id}^k)+C_2\times rand_2^k\times(Gbest_{id}^k-x_{id}^k) \qquad (7.11)$$

$$x_{id}^{k+1}=x_{id}^k+v_{id}^{k+1} \qquad (7.12)$$

式（7.11）中，v_{id}^k 是粒子 i 在第 k 次迭代中第 d 维的速度；式（7.12）中，x_{id}^k 是粒子 i 在第 k 次迭代中第 d 维的当前位置。其他符号表示如下：$i=1,2,3\cdots,N$，表示种群大小。ω 为惯性权值；C_1 和 C_2 为学习因子（又称：控制加速系数），合适的 C_1 和 C_2 既可加快收敛，又不易陷入局部最优，通常在 [0,2] 取值。$rand_1^k$ 和 $rand_2^k$ 是介于 [0,1] 之间的随机数；$Pbest_{id}^k$ 是粒子 i 在第 d 维的个体极值点的位置；$Gbest_{id}^k$ 是整个种群在第 d 维的全局极值点的位置。

最大速度 v_{max} 决定了问题空间搜索的力度，粒子的每一维速度 v_{id} 都会被限制在 $[-v_{dmax}, +v_{dmax}]$ 之间，假设搜索空间的第 d 维定义为区间 $[-x_{dmax}, +x_{dmax}]$，则通常 $v_{dmax}=\delta x_{dmax}$，其中 $0.1 \leqslant \delta \leqslant 1$，每一维都用相同的设置方法。

通过式（7.11）和式（7.12）计算粒子自身最优位置和群体最优位置，可将其表示为式（7.13）和式（7.14）：

$$Pbest_{id}^{k+1} = \left\{ x_{id}^{k+1} f(x_{id}^{k+1}) < f(Pbest_{id}^k) \leqslant Pbest_{id}^{k+1} \right\} \tag{7.13}$$

$$f(Gbest_{id}^k) = \min \left\{ f(Pbest_{id}^k) \right\}, i=1,2,\cdots,N \tag{7.14}$$

7.2.2 基于GRA-PSO-SVR方法组合的静态造价新指标值预测模型构建

基于 GRA 分析的 PSO-SVR 方法优化组合预测模型构建基本思路如下。首先，利用灰色关联分析法（GRA）针对变电工程造价非时间连续序列样本进行数据挖掘（SHAHANDASHTI S M et al,2013），将造价影响因素作定量化分析，从而避免定性分析所导致的预测结果主观性过强、准确性不够等问题。其次，采用基于粒子群改进的支持向量回归机（PSO-SVR）混合算法，该算法既能优化 SVR 参数，提升模型预测精确度，又能避免遗传算法（GA）优化中复杂参数设置的问题。最终，构建出 GRA-PSO-SVR 方法优化组合预测模型基于 GRA 分析的 PSO-SVR 方法优化组合预测模型的构建具体分为两个阶段。

第一个阶段构建 GRA 分析模型。运用该模型对变电工程造价的诸多影响因素进行分析与筛选。经过 GRA 分析后提取静态造价的主要影响因素，并将主要影响因素作为第二阶段

变电工程新造价指标及
其值预测研究

PSO-SVR 智能预测模型的输入变量，同时将静态造价指标——单位总变电容量造价（万元/MV·A），作为第二阶段智能预测模型的输出变量。

第二阶段构建 PSO 优化的 SVR 智能预测模型。PSO-SVR 混合算法依据粒子群群体寻优的思想，加速支持向量回归机寻找最优参数值，具体步骤如下所示。

第 1 步：创建初始样本训练集。若共有 n 个工程样本，$D_i=\{(x_i,y_i),i=1,2,\cdots,n\}$。选取粒子群的初始种群规模 N，并设定控制加速系数 C_1 和 C_2，在合理范围下生成粒子的初始位置与速度。利用 PSO 算法对 SVR 的重要参数 C 与 σ 进行优选。

第 2 步：训练 SVR。通过样本训练集训练 SVR，计算出各个粒子的适应度函数值，将每个粒子所经历过的最佳位置 $Pbest_{id}^k$ 与该适应度函数值比较，如果 $Pbest_{id}^k$ 劣于该适应度函数值，则可将此适应度函数值作为新的适应度函数值。为保证适应度函数的稳定性，采用平均相对误差作为适应度函数的值，具体参见式（7.15）。

$$f(Gbest_{id}^k)=(1/N)\sum_{i=1}^{N}|(y_i-y_i')/y_i| \qquad (7.15)$$

式中，N 表示样本训练集中样本点数目；y_i 和 y_i' 分别为第 i 个样本的实际值与预测值。

第 3 步：适应度函数值的比较。将每一个粒子的适应度函数值与所有群粒子的适应度函数值比较，如果群粒子的适应度函数值大于每一个粒子的适应度函数值，则全局最优位置 $Gbest_{id}^k$ 将被当前粒子的最优位置 $Pbest_{id}^k$ 所取代。同时根据式（7.11）和式（7.12）分别对粒子的位置与速度进行调整。

第 4 步：判断是否终止计算。如果满足终止条件，则结束寻优搜索，同时输出 SVR 的最优参数；若不满足条件，则需要重复第 2 步。

第 5 步：最优参数代入模型。将经过 PSO 训练获得的最优 C 和 σ 代入 SVR 模型中，重新进行样本训练学习，以获得较为理想的 GRA-PSO-SVR 方法组合的预测模型。采用该方法优化组合的预测模型，对待建设工程静态造价指标值进行精确预测。

7.2.3 基于GRA-PSO-SVR组合模型的变电工程静态造价指标值预测仿真

经过本书第 5 章变电工程静态造价新指标构建研究，获得了变电工程单位总变电容量静态造价指标（万元 /MV・A）和单位综合可比变电容量静态造价指标［万元 /（MV・A・回）］，通过与变电工程单位主变电容量静态造价指标（万元 /MV・A）进行实际工程样本造价数据检验与合理性分析，验证本书所构建的两个静态造价新指标较静态造价传统指标，更能全面客观、准确地反映变电工程造价实际水平，更适宜电网公司或电力建设企业对相同或相近年份内变电工程造价进行有效静态控制。鉴于单位总变电容量静态造价指标在实际工程静态造价合理确定与有效控制方面，较单位综合可比变电容量静态造价指标更易操作与推广，因此，本书将其确定为变电工程基础静态造价指标，而其他两个静态造价指标为辅助指标。本章以变电工程静态造价中心指标——单位总变电容量静态造价指标（万元 /MV・A）为预测仿真对象，开展变电工程静态造价指标值预测研究。本书所构建的 GRA-PSO-SVR 方法组合优化的模型对单位总变电容量静态造价进行预测仿真，并通过仿真结果对比分析，进一步验证了本书所构建的 GRA-PSO-SVR 模型更适

变电工程新造价指标及
其值预测研究

宜我国变电工程静态造价指标值应用预测。

（1）变电工程静态造价指标值预测仿真分析

结合本书第 3 章关于变电工程造价主要影响因素识别及筛选的研究结果，初步获得了对变电工程静态造价影响较大的因素，包括：主变电容量、剩余变电容量、无功补偿容量、高压侧出线回路数、中压侧出线回路数、低压侧出线回路数、配电装置型式。鉴于主变电容量和剩余变电容量之和更能反映变电站变压器额定总容量，所以这里可将两因素合并为总变电容量（即：主变电容量 + 剩余变电容量）。因此，针对本书第 4 章中所构建的 220kV 变电工程静态造价新指标——单位总变电容量造价（万元 /MV·A）进行仿真分析时，此处应剔除主变电容量和剩余变电容量两个因素对单位工程造价指标（即：单位总变电容量造价）的影响，仅保留无功补偿容量 Xb_1［Mvar（1var=1W）］、高压侧出线回路数 Xb_2（回）、中压侧出线回路数 Xb_3（回）、低压侧出线回路数 Xb_4（回）、配电装置型式 Xb_5 5 个影响因素进行 GRA 分析。为了便于后文量化分析，此处依照第 3 章因素分析说明，将配电装置型式这个定性影响因素量化处理，令 GIS 型 =1，非 GIS 型 =2。

为保证本书研究结论的一致性，此处仿真分析样本与第 3 章因素分析所采用的 17 个 220kV 变电工程造价数据样本一致。首先，采用灰色关联分析法，对这 17 个 220kV 变电工程造价数据样本进行单位总变电容量造价的主要影响因素分析。其次，运用基于 GRA 的 PSO-SVR 模型进行训练。最后，进行 220kV 变电工程静态造价指标值预测仿真分析。

（2）基于灰色关联分析法提取变电造价关键影响因素

以华北电网系统内已竣工投产的 17 个 220kV 变电工程为样本，原始工程数据参见表 7-1。灰色关联分析中的参考数列变量、比较数列变量，如果在量纲上不一致，将导致其数值变化差异较大，不适宜直接进行灰色关联分析，会严重影响主要因素提取结果。因此，需要在灰色关联分析前通过 GM 软件自带的数据变量无量纲化处理功能，依据式（7.1）对原始数据变量进行无量纲化处理。所以，此处可直接将表 7-1 中单位总变电容量静态造价指标和 5 个造价影响因素变量的原始数据，一起导入 GM 软件模块中进行灰色关联分析。鉴于变电仿真分析样本较少，为保证本章分析结论的科学性，适当将 GRA 提取标准放宽至 0.65。那么，如表 7-2 所示，提取与工程单位造价——单位总变电容量静态投资 Y（万元/MV·A）灰色关联度在 0.65 以上的 3 个造价影响因素变量，即：高压侧出线回路数 Xb_2、配电装置型式 Xb_5，以及无功补偿容量 Xb_1，这 3 个因素为单位工程总变电容量造价指标的关键影响因素。同理，对照本文第 3 章中主要变电工程造价影响因素识别与筛选的结果，发现后者与前者结论基本吻合，从而再次证明本章节研究分析方法得当，获得的结论较为准确。将此 3 个关键造价影响因素变量，作为 PSO-SVR 建模系统的输入向量，同时将单位总变电容量造价指标作为 PSO-SVR 建模系统的输出向量进行造价预测。预测结果参见表 7-3 和表 7-4。

表7-1 变电工程样本原始工程数据

样本号	因素变量					
	Xb_1	Xb_2	Xb_3	Xb_4	Xb_5	Yb
1	120.24	8	14	8	2	14.9
2	100	4	10	6	1	16.95
3	64.13	6	6	4	2	18.98
4	120	12	12	6	2	17.04
5	120	8	12	6	1	16.95

变电工程新造价指标及
其值预测研究

样本号	因素变量					
	Xb_1	Xb_2	Xb_3	Xb_4	Xb_5	Yb
6	120.24	8	14	8	2	17.06
7	120.24	6	14	8	2	15
8	72.14	10	8	6	1	18.45
9	64	12	6	6	2	16.09
10	120.24	6	14	8	2	13.9
11	120	12	12	8	1	22.28
12	64	6	6	4	2	22.11
13	120	12	12	6	2	22.4
14	90	10	10	6	2	20.04
15	120.24	12	14	12	2	17.53
16	120.24	12	14	12	2	16.7
17	90	12	12	4	2	18.57

数据来源：中国电力企业联合会网络数据库、国家电网有限公司网络数据库。

表7-2　变电工程造价影响因素变量灰色关联分析

项目	高压侧出线回路数 Xb_2	配电装置型式 Xb_5	无功补偿容量 Xb_1	中压侧出线回路数 Xb_3	低压侧出线回路数 Xb_4
关联度	0.718069	0.658003	0.656194	0.624602	0.605167

注：关联度由大到小排列。

利用 MATLAB7.8 中加载的 libsvm 工具箱，由于该工作箱的工作界面程序中，包含归一化函数——tramnmx 函数和反归一化函数——postmnmx 函数，所以，该系统会自动将原始数据变量作归一化处理，然后将归一化的数据导入系统运行；再将预测结果作反归一化处理，将最终造价数据导出系统。那么，本章将灰色关联分析所提取出的 3 个变电工程单位造价关键影响因素原始数据，直接录入 SVR 程序系统，通过表 7-3 可以看出，输入集 3 个因素变量构成了 17×3 矩阵。将工程单位总变电容量静态造价指标作为输出向量，通过表 7-4 看出，输出单位总变电容量静态造价（万元/MV·A）因素指标构成 17×1 列向量。本章选取 14 个工程造价数据为学习样本，剩余的 3 个工程造价数据为测试样本，利用粒子群算法（PSO）优化支持向量回归机（SVR）的参数，并将学习样本输入 PSO-SVR 预测网络，得到稳定的模型，再利用测试样本在稳定的网络模型中得出预测结果。最后，将其与真实测试集输出结果进行比较，即完成整个预测过程。

表7-3 变电工程输入属性集

样本号	输入变量		
	无功补偿容量 Xb_1	高压侧出线回路数 Xb_2	配电装置型式 Xb_5
1	120.24	8	2
2	100	4	1
3	64.13	6	2
4	120	12	2
5	120	8	1
6	120.24	8	2
7	120.24	6	2
8	72.14	10	1
9	64	12	2
10	120.24	6	1
11	120	12	1
12	64	6	2
13	120	12	2
14	90	10	2
15	120.24	12	2
16	120.24	12	2
17	90	12	2

表7-4　变电工程输出属性集

输出指标	样本号								
	1	2	3	4	5	6	7	8	9
Yb	14.9	16.95	18.98	17.04	16.95	17.06	15	18.45	16.09

输出指标	样本号							
	10	11	12	13	14	15	16	17
Yb	13.9	22.28	22.11	22.4	20.04	17.53	16.7	18.57

（3）PSO 优化 SVR 参数

采用 PSO 对支持向量回归机（SVR）的惩罚系数 C，以及径向基核函数（RBF）的参数 σ 进行寻优。首先，初始化粒子群的各项参数，设 PSO 规模是 20，解空间为二维，分别对应 C 和 σ，控制加速系数 C_1 和 C_2 分别等于 1.5 和 1.7，参数 C 的变化范围是 $[0,10]$，参数 σ 的取值区间为 $[0,1]$，那么模型参数对应的 Scope 矩阵是 $[0,10;0,1]$。然后，寻找适合的最大进化代数 T_{max} 和交叉验证折数 V。经过多次试验，获得 T_{max} 适合值为 100，V 适合值为 5，此时计算 CV_{mse} 最小为 0.092245，而且训练集与测试集拟合效果较为理想，具体如图 7-1 和图 7-2 所示。最终，SVR 模型中的惩罚系数 C 和径向基核函数的参数 σ，经过 PSO 寻优后，分别确定为 1 和 0.21449。

（4）不同智能模型预测效果对比分析

为了进一步测试 PSO-SVR 模型的预测效果，本节利用相同的样本数据分别进行 BP 神经网络模型预测、GA-SVM 模型预测，以及 PSO-SVR 模型预测。测试结果参见表 7-5。可以看出 PSO-SVR 造价预测结果与真实造价值的相对误差绝对值均在 10% 以内，而且无论是相对误差比较还是误差均值比较，都明显优于 BP 预测结果，极大地提高了造价预测精度，同时也比 GA-SVR 造价预测效果更加理想。

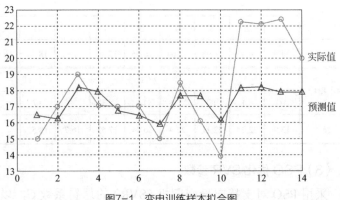

图7-1 变电训练样本拟合图

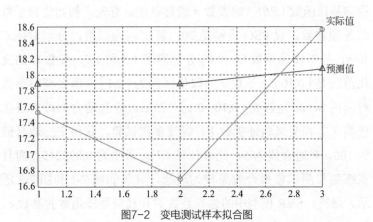

图7-2 变电测试样本拟合图

表7-5 变电工程造价模型预测效果对比

测试工程编号	实际造价/（万元/MV·A）	BP 预测造价/%	相对误差/%	GA-SVM 预测造价/（万元/MV·A）	相对误差/%	GRA-POS-SVR 预测造价/（万元/MV·A）	相对误差/%
15	17.53	19.94	13.75	18.88	7.70	17.89	2.05
16	16.7	19.94	19.4	17.88	7.07	17.89	7.13
17	18.57	19.72	6.19	17.96	-3.29	18.07	-2.69
平均绝对值相对误差		13.11		6.02		3.96	

7.3 变电工程动态造价指标值间接预测模型构建及仿真

为更好地预测待建设工程动态造价及其未来变化趋势，使得电网公司或电力建设企业对不同年份间变电工程造价进行合理确定与有效动态管理，就需要充分发挥造价指数在工程造价的价差调整方面的功能优势（吴学伟，2009）。工程造价指数实质是在一定时期内由价格变化导致工程造价变化程度的一种反映指标，所以对造价指数的预测，能更客观地反映未来变电工程建设市场的生产力发展水平与供求关系，为电网公司及政府造价部门制定未来造价政策提供重要参考，而这些是动态造价指标所不具备的。因此，本书通过对变电工程造价指数进行直接预测，再经过指数测算获得待建设工程动态造价指标值，达到对变电工程动态造价指标值间接预测的效果，比对变电工程动态造价指标值进行直接预测更有意义。所以，本节变电工程动态造价指标值间接预测研究的实质，是对变电工程造价指数开展预测仿真分析，通过对未来变电工程造价指数的精确预测，并利用所预测的指数测算获得未来年度变电工程总体平均动态造价指标值，再结合对应年份待建设工程静态造价指标值预测结果，使电网公司能对变电工程动态造价进行合理确定与有效控制。因此，本章节结合造价指数特点，并基于目前适宜时间序列动态造价数据样本预测模型，开展相应针对时间序列数据预测模型的研究。

目前，关于时间序列数据，例如经济指数或价格指数趋势预测方面，常用的预测模型主要包括回归分析预测模型、移动平均预测模型、自回归移动平均模型、灰色系统理论预测模型、马尔可夫预测模型，以及趋势外推模型等。本章结合变电工程动态造价数据的特点，充分考虑造价指数预测的实际需要，将采用相关灰色系统理论中 GM（1,1）预测模型，分析前期变电建设工程动态造价数据，并对当期及其未来的工程造价指数作出较为准确的预测。

另外，采用 GM（1,1）模型进行造价持续预测时需要注意，应不断利用新数据替换老数据，这样可以避免随着不确定因素逐步增加，计算机内存不断扩大，运算量不断增加而带来的计算困难，又能够满足计算机自学习的要求，提高运算精度与速度。

7.3.1 动态造价指标值相关间接预测模型

基于本书第 6 章变电工程动态造价新指标构建途径，即：先通过变电工程造价指数构建，再利用相应造价指数测算，获得变电工程动态造价新指标。因此，本章节开展的变电工程造价指数预测仿真研究实质就是间接实现对所构建的动态造价新指标值的预测仿真（刘卫东等，2016）。那么，依据变电工程动态造价数据所具有的连续时间序列样本特征，并结合造价指数的设计基础，本书将采用更适合连续性时间序列小样本数据的灰色预测模型 GM（1,1），对变电工程造价指数进行预测仿真分析。本节所构建的 GM（1,1）连续性时间序列预测模型在变电工程造价指数预测仿真方面效果更佳，通过对造价指数的精确预测及测算，所获得的变电工程动态造价指标值精度更高、稳定性更强。下面具体介绍 GM（1,1）模型构建所涉及的相关原理与实施步骤。

变电工程新造价指标及
其值预测研究

7.3.2 灰色系统理论GM（1,1）模型构建

（1）灰色系统理论简介

我国著名学者邓聚龙教授于1982年提出灰色系统理论，进而创立了灰色系统。该系统具有"贫信息"属性，即系统中存在"部分未知信息和部分已知信息"（邓聚龙，2002）。所以，基于灰色理论构建的灰色系统预测模型在应用方面，多以"小样本"不确定性系统为研究对象，并通过"开发、生成、提取已知部分信息的价值，来正确认识和有效控制系统运行行为。

通常情况下，灰色预测系统以白色系统、黑色系统，以及灰色系统三个系统为客观对象开展预测研究。其中，在白色系统中，系统内部特征是完全已知的，或者说系统具备完整充分的信息。在黑色系统中，对外界来讲，系统内部信息是完全未知的，且只能通过观测外界与该系统所发生的联系予以研究。而在灰色系统中，系统内存在的是一部分已知信息和一部分未知信息，从而导致系统内各要素间的关系存在不确定性。因此，灰色系统预测就是对既含有不确定信息又含有已知信息的灰色系统开展预测，或者说是指对与时间有关的、且在移动范围内变化的灰色过程进行预测。

（2）灰色系统 GM（1,1）预测模型

灰色系统预测模型是以灰色系统理论为基础构建而成，可应用于系统要素间发展趋势的相异程度鉴别，例如前面章节中介绍的灰色关联分析。首先，需要生成并处理原始数据。然后，通过寻求系统变化的规律生成具有较强规律性的数据序列。最后，将相应的灰色系统预测模型建立起来，从而预测具备灰色系统特性的经济、社会等现象的未来发展趋势。

因此，利用灰色系统预测模型可以将系统内部特征与发展

趋势较好地描述出来；而且采用该模型预测时，不需要样本满足一定的统计分布，也不要求较大容量的样本数据。另外，其外推预报效果还优于回归分析预测模型等诸多预测模型。因此，灰色系统预测方法更适合信息量少、结构不明确，以及难以进行实验的变电工程造价系统等的建模与研究（仲勇等，2016）。

通常将灰色理论的微分方程模型称为灰色系统预测模型，即：GM 模型。其中，GM（1,1）表示 1 阶、1 个变量的微分方程模型；GM（1,N）表示 1 阶，N 个变量的微分方程模型。

普遍意义上说，灰色系统预测是指利用 GM（1,1）模型预测系统行为特征值的发展变化趋势，估计行为特征值中的异常值出现的时间，分析并计算出特定时区发生的事件的未来分布时间，以及整体研究系统波形与杂乱波形的未来趋势（郇滢等，2016）。因此，本节重点介绍 GM（1,1）建模过程，并在变电工程动态造价指标值的预测方面具体应用该模型。

该模型是由一个只包含单变量一阶微分方程构成的模型，属于灰色系统模型之一，构建 GM（1,1）预测模型的基本步骤如下所示。

首先，对原始数据序列 $X^0=[X^0(1),X^0(2),\cdots,X^0(m)]$ 作一次累加生成序列（1-AGO），得到累加生成序列如式（7.16）所示：

$$X^1(q)=(X^0(1),X^0(1)+X^0(2),\cdots,X^0(1)+\cdots+X^0(m))=(X^1(1),X^1(2),\cdots,X^1(m))$$
$$（7.16）$$

式中，$X^1(q)=\sum_{i=1}^{q}X^0(i);q=1,2,\cdots,m$。

那么，X^1 的紧邻均值生成序列如式（7.17）所示：

变电工程新造价指标及
其值预测研究

$$Z^1=(Z^1(2),Z^1(3),L,Z^1(m)) \tag{7.17}$$

式中，$Z^1(q)=0.5X^1(q)+0.5X^1(q-1),q=2,3,\cdots,m$。

建立灰色微分方程：

$$X^0(q)+aZ^1(q)=b,q=2,3,\cdots,m \tag{7.18}$$

其次，构造常数项矩阵 $\boldsymbol{Y}$ 和累加矩阵 $\boldsymbol{B}$：

$$\boldsymbol{Y}=(X^0(2),X^0(3),\cdots,X^0(m))^{\mathrm{T}};\quad \boldsymbol{B}=\begin{pmatrix} -Z^1(2) & 1 \\ -Z^1(3) & 1 \\ \vdots & \vdots \\ -Z^1(m) & 1 \end{pmatrix}$$

采用最小二乘法，估计参数列 $\boldsymbol{p}=(a,b)^{\mathrm{T}}$ 求得 $g(\boldsymbol{p})=(\boldsymbol{Y}-\boldsymbol{Bp})^{\mathrm{T}}$ $(\boldsymbol{Y}-\boldsymbol{Bp})$，达到最小值的 $\boldsymbol{p}$ 的估计值为

$$\hat{\boldsymbol{p}}=(\hat{a},\hat{b})^{\mathrm{T}}=(\boldsymbol{B}^{\mathrm{T}}\boldsymbol{B})^{-1}\boldsymbol{B}^{\mathrm{T}}-\boldsymbol{Y} \tag{7.19}$$

其中利用灰色微分方程求得的参数列，建立相应的白化微分方程，即 GM（1,1）预测模型一般形式如式（7.20）所示：

$$\mathrm{d}X^1\big/\mathrm{d}t+\hat{a}X^1(t)=\hat{b} \tag{7.20}$$

求解所得式（7.20）的离散响应，即 X^1 的灰色系统预测模型如式（7.21）所示：

$$\hat{X}^1(q+1)=\left(X^0(1)-\frac{\hat{b}}{\hat{a}}\right)\mathrm{e}^{-\hat{a}q}+\frac{\hat{b}}{\hat{a}} \tag{7.21}$$

式中，$q=0,1,\cdots,n-1,\cdots$。

再次，对 X^1 作一次累减，还原得到原始数据 X^0 的预测模型如式（7.22）所示：

$$\hat{X}^{0}(q+1)=\left(\hat{X}^{1}(q+1)-\hat{X}^{1}(q)\right)=(1-\mathrm{e}^{\hat{a}})(X^{0}(1)-\frac{\hat{b}}{\hat{a}})\mathrm{e}^{-\hat{a}q} \quad (7.22)$$

最后，为了保证此处分析模型的可靠性，还应该对该预测模型的精度进行检验。首先，计算均方差比 C 和小误差概率 P。其次，判断 C 和 P 的值是否都在允许范围之内（精度等级划分参见表7-6），若两个值都在允许范围内，则预测模型检验通过，可以用此模型预测；否则需要通过修正残差，再建模进行预测。

表7-6　GM（1,1）预测模型精度等级

模型精度等级	小误差概率 P	均方差比 C
一级（好）	> 0.95	< 0.35
二级（良好）	> 0.80	< 0.50
三级（合格）	> 0.70	< 0.65
四级（不合格）	< 0.70	> 0.65

7.3.3　基于GM（1,1）模型的变电工程动态造价指标值间接预测仿真

依据第 6 章中经过指数模型测算的 S 省电网系统内变电工程造价指数（2014～2020 年）建立的 GM（1,1）指数数据库，选取 2014～2020 年的指数为实验样本，测算 2014～2020 年当期变电工程单位造价指数。然后，通过造价指数测算出 2014～2020 年的变电工程单位造价（即：单位总变电容量造价），并与所搜集到的当期各年对应变电工程的实际单位造价平均价格对比分析，所有年份预测误差绝对值均低于 10%，而且所有年份预测误差绝对值均在 5% 左右（参见表 7-7），说明造价指数预测结果较为理想。所以，可以依据表 7-7 中 2014～2020 变电工程单位造价实际指数，采用 GM 软件对

变电工程新造价指标及
其值预测研究

2021～2022两年的单位造价指数进行预测，预测过程参见图7-3，预测结果参见表7-7。

表7-7　220kV变电工程造价指数预测

项目	时间 / 年								
	2014	2015	2016	2017	2018	2019	2020	2021	2022
造价指数	100	100	114	119	125	110	105	暂无	暂无
预测指数	100	106.92	111.27	111.81	115.84	113.98	112.54	122.72	125.95
绝对误差	0	6.92	−2.73	−7.19	−9.16	3.98	7.54	暂无	暂无
相对误差 /%	0	6.92	−2.40	−6.04	−7.32	3.61	7.18	—	—

注：预测结果保留小数点后两位

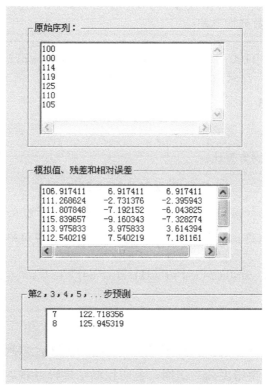

图7-3　变电工程造价指数预测过程截图

模型精确度检验如下。

计算预测误差（绝对值）均值：

$$\bar{\varepsilon}=(6.92+2.73+7.19+9.16+3.98+7.54)/6=6.25 \qquad (7.23)$$

预测误差均方差：

$$S_1=\sqrt{\frac{1}{6}\begin{bmatrix}(6.92-6.25)^2+(2.73-6.25)^2+(7.19-6.25)^2\\+(9.16-6.25)^2+(3.98-6.25)^2+(7.54-6.25)^2\end{bmatrix}} \qquad (7.24)$$
$$=2.20$$

原始数列均值为：

$$(100+114+119+125+110+105)/6=112.17 \qquad (7.25)$$

原始数列均方差：

$$S_1=\sqrt{\frac{1}{6}\begin{bmatrix}(100-112.17)^2+(114-112.17)^2+(119-112.17)^2\\+(125-112.17)^2+(110-112.17)^2+(105-112.17)^2\end{bmatrix}}$$
$$=8.35$$

$$(7.26)$$

计算均方差比：

$$C=S_2/S_1=2.20/8.35=0.26<0.5 \qquad (7.27)$$

计算小误差概率：$\varepsilon=0.6745\times S_1=5.63$。已知 $S_2=2.20$，则 $DX=4.84$（即：S_2 的平方），参见式（7.28），计算可得 P 的值。

$$P=P\{|\varepsilon(k)-\bar{\varepsilon}|<0.6745S_1\}=P\{|\varepsilon(k)-\bar{\varepsilon}|<5.64\}\geqslant1-DX/\varepsilon^2=0.85>0.8$$
$$(7.28)$$

其中 $\varepsilon(k)$ 代表第 k 个预测误差，$k=1,2,\cdots,6$；$\bar{\varepsilon}$ 代表预测误差均值。结合小误差概率 P 与均方差比 C，对照表7-6可以确定模型精度为二级间，说明预测结果较可靠，预测效果较高。可以采用此模型对 S 省电网系统内 2021 年和 2022 年

变电工程新造价指标及
其值预测研究

间 220kV 变电工程单位造价指数进行预测，预测结果参见表7-7。同时以 2014 年变电工程单位造价 18 万元 /MV·A 为基价，采用指数还原后获得 2021 年和 2022 年 220kV 变电工程单位造价分别是 22.14 万元 /MV·A 和 22.68 万元 /MV·A，从而为未来两期工程前期决策，以及后期造价控制提供重要依据。

本章小结

本章结合本文第 4 章关于变电工程静态造价新指标构建的研究成果，以及第 6 章关于变电工程动态造价新指标的研究成果，针对变电工程静态造价新指标和动态造价新指标开展相应预测研究。

首先，通过对适合非时间序列型"横向"数据样本预测的智能算法进行比较分析，提出一种 GRA-PSO-SVR 算法优化组合的构建预测模型思路，并具体构建变电工程静态造价指标值的预测模型。同时，详细地介绍了灰色关联分析（GRA）、支持向量回归机（SVR）及粒子群优化的支持向量回归机算法（PSO-SVR）的原理及建模步骤。然后，针对变电工程静态造价指标值开展实例预测仿真分析。最后，将所得结果与 BP 模型、GA-SVM 模型的预测结果对比分析，说明采用本章所建立的基于GRA 的 PSO-SVR 算法优化组合模型的预测结果更加理想，较适宜我国变电工程静态造价指标值的预测。

另外，通过对适合连续性时间序列型"纵向"数据样本的灰色预测理论中 GM（1,1）预测模型进行系统分析，并结合本章所搜集到的动态数据样本实际情况，决定采用灰色系统预测模型 GM（1,1）进行变电工程造价指数的预测，然后利用造价指数测算出动态造价指标值，从而实现对变电工程动态造价指标值的间接预测。同时，建议当未来的采集数据量达到一定规模时，应增加时间序列，使 ARMA 统计理论预测效果更佳。然后，对变电工程动态造价数据开展实例预测仿真分析，获得了较为理想的造价指数预测结果。最后，结合 S 省电网系统内 2014～2020 年变电工程造价实际指数数据，采用 GM（1，1）模型对该省电网 2021～2022 变电造价指数作出相应预测，再通过指数测算出该省未来两期变电工程动态造价指标值，为 S 省电网公司前期投资决策，以及后期造价控制提供重要参考依据。

变电工程新造价指标及
其值预测研究

附录1　主要电气设备价格一览表

金额单位：元

序号	设备或材料名称	单位	单价	备注
一	220kV 主变压器			
1	220kV，240MV·A，三相，三绕组，有载	台	8000000	
2	220kV，180MV·A，三相，三绕组，有载	台	6500000	
3	220kV，240MV·A，三相，双绕组，有载	台	6600000	
4	220kV，180MV·A，三相，双绕组，有载	台	6000000	
二	220kV 配电装置			
1	SF6 断路器，3150A，50kA，罐式	台	750000	
2	SF6 断路器，3150A，50kA，柱式	台	250000	
3	SF6 断路器，3150A，63kA，柱式	台	450000	
4	电流互感器，油浸	台	35000	
5	电流互感器，油浸，带 TPY	台	55000	
6	电流互感器，SF	台	50000	
7	电流互感器，SF6，带 TPY	台	70000	
8	电容式电压互感器	台	20000	
9	避雷器	只	7000	
10	隔离开关，三柱	组	110000	
11	隔离开关，双柱	组	85000	
12	隔离开关，单柱	组	95000	
13	GIS 组合电器，断路器间隔	间隔	1600000	
14	GIS 组合电器，TV 间隔	间隔	550000	
15	GIS 组合电器，备用带母线隔离开关	间隔	500000	

序号	设备或材料名称	单位	单价	备注
16	GIS 组合电器, 母联间隔	间隔	1000000	
17	GIS 组合电器, 母线筒	m	30000	
18	HGIS, 组合电器, 断路器间隔	间隔	1500000	
三	110kV 配电装置			
1	SF6 断路器, 40kA, 柱式	台	150000	
2	SF6 断路器, 40kA, 罐式	台	500000	
3	电流互感器, 油浸	台	15000	
4	电流互感器, 干式	台	25000	
5	电容式电压互感器	台	22000	
6	避雷器	只	3500	
7	隔离开关, 双柱水平旋转	组	40000	
8	隔离开关, 双臂垂直伸缩	组	55000	
9	隔离开关, 单臂垂直伸缩	组	55000	
10	隔离开关, V 型旋转	组	31000	
11	110kV 户外接地开关	组	36000	
12	GIS 组合电器, 断路器间隔	间隔	650000	
13	GIS 组合电器, TV 间隔	间隔	350000	
14	GIS 组合电器, 备用带母线隔离开关	间隔	250000	
15	GIS 组合电器, 母线筒	m	15000	
四	66kV 配电装置			
1	66kV 站用变压器, 800kV·A	台	400000	
2	66kV 站用变压器, 630kV·A	台	300000	
3	SF6 断路器, 柱式	合	110000	
4	SF6 断路器, 罐式	台	250000	
5	电流互感器, 油浸	台	30000	
6	电流互感器, 干式	台	15000	
7	电容式电压互感器	台	17000	

序号	设备或材料名称	单位	单价	备注
8	框架式并联电容器组	kvar	45	
9	避雷器	只	3500	
10	隔离开关，双柱	组	27000	
11	GIS 组合电器，断路器间隔	间隔	600000	
12	GIS 组合电器，TV 间隔	间隔	350000	
五	35kV 配电装置			
1	SF6 断路器	台	67000	
2	框架式并联电容器组	kvar	45	
3	并联电抗器（油浸铁芯）10000kvar	组	842000	
4	电流互感器	台	8000	
5	电压互感器	台	7800	
6	避雷器	只	2500	
7	隔离开关	组	15000	
8	站用变压器	台	160000	
9	接地变压器（含消弧线圈）1100kV·A	台	285000	
10	35kV 进线柜	台	224000	
11	35kV 分段柜	台	131000	
12	35kV 出线柜	台	145000	
13	35kV 电抗器开关柜	台	141000	
14	35kV 电容器开关柜	台	198000	
15	35kV 设备柜	台	98500	
16	35kV 母联隔离柜（不含断路器）	台	83000	
17	35kV 站用变压器柜	台	146000	
18	35kV 过渡柜	台	38000	
19	35kV 封闭母线及母线筒	三相米	10000	

序号	设备或材料名称	单位	单价	备注
六	10kV 配电装置			
1	框架式并联电容器组	kvar	65	
2	并联电抗器（干式铁芯）10000kvar	组	740000	
3	站用变压器	台	120000	
4	接地变压器（含消弧线圈）1000kV·A	台	210000	
5	进线开关柜	面	100000	
6	其他开关柜	面	80000	
七	保护系统			
1	线路保护，220kV		170000	含2台装置
2	线路保护，110kV	套	85000	
3	线路保护，66kV	套	95000	
4	220kV，母线保护，微机型	套	190000	
5	110kV，母线保护	套	120000	
6	110kV，母联、分段保护	套	43000	
7	66kV，母线保护	套	150000	
8	主变压器保护，220kV	套	200000	
9	故障录波屏	面	80000	
10	直流一体化电源柜（含充电柜、馈线柜、免维电池）	套	850000	
八	系统通信			
1	通信高频开关电源。48V，200A	套	70000	
2	免维护蓄电池，48V，300Ah	组	30000	
九	控制系统			
1	变电站计算机监控系统	套	1750000	含 110kV 保测一体
2	电费计量（中调）	套	75000	电能表2.5，采集器4.5，关口表屏1

序号	设备或材料名称	单位	单价	备注
3	TV 并列装置	套	20000	
4	35kV 消谐装置	套	20000	
5	调度数据网接入及二次安全防护设备	套	300000	
6	合并单元	套	50000	
7	智能终端	套	35000	
8	站控层交换机	台	30000	24 电口、4 光口
9	过程层交换机	台	40000	16 光口
10	过程层交换机	台	50000	24 光口
11	智能辅助控制系统	站	500000	
十	其他			
1	0.2s 电能表	块	6000	
2	继电保护试验电源柜	面	50000	
3	站用低压屏	面	50000	
4	端子箱	个	10000	
5	电源检修箱	个	10000	

附录2 典型方案主要技术条件汇总表

类型	典型方案编号	主变压器台数及容量（本期/远期）	出线规模（本期/远期）	接线型式	无功配置	配电装置	布置格局
GIS户外站	A1-1	2/3×180MV·A	220kV: 4/6 回 110kV: 4/10 回 35kV: 4/12 回	220kV: 双母线 110kV: 双母线 35kV: 单母线分段/单母线三分段	35kV: 电容3/3组	220 kV: 户外GIS，全架空出线; 110 kV: 户外GIS，全架空出线; 35 kV: 户内开关柜双列布置	220kV、110kV及主变压器场地平行布置
GIS户内站	A2-1	2/3×180MV·A	220kV: 2/3 回 110kV: 8/12 回 35kV: 16/24 回	220kV: 线变组 110kV: 双母线 35kV: 单母线四分段/环形/	35kV: 电容2/2组，电抗1/1组	220 kV: 户内GIS，电缆出线; 110 kV: 户内GIS，电缆出线; 35 kV: 户内开关柜双列布置	全户内一幢楼布置
	A2-4	2/4×240MV·A	220kV: 4/10 回 110kV: 6/12 回 10kV: 28/28 回	220kV: 双母线 110kV: 双母线 10kV: 单母线分段/	110kV: 电容3/3组，电抗2/2组	220 kV: 户内GIS，架空电缆混合出线; 110 kV: 户内GIS，电缆出线; 10 kV: 户内开关柜双列布置	全户内一幢楼布置
GIS半户内站	A3-1	2/3×180MV·A	220kV: 2/3 回 110kV: 8/12 回 35kV: 8/12 回	220kV/110kV/35kV: 线变组 单母线分段/单母线单列布置	35kV: 电容4/4组	220 kV: 户内GIS，架空电缆混合出线; 110 kV: 户内GIS，架空电缆混合出线; 35 kV: 户内开关柜单列布置	两幢楼平行布置，主变压器户外布置
	A3-3	2/3×240MV·A	220kV: 4/8 回 110kV: 6/12 回 35kV: 12/18 回	220kV: 双母线 110kV: 双母线 35kV: 单母线三分段/	35kV: 电容4/4组	220 kV: 户内GIS，架空电缆混合出线; 110 kV: 内GIS，架空电缆混合出线/ 35 kV: 户内开关柜双列布置	两幢楼平行布置，主变压器户外布置

变电工程新造价指标及其值预测研究

类型	典型方案编号	主变压器台数及容量（本期/远期）	出线规模（本期/远期）	接线型式	无功配置	配电装置	布置格局
HGIS户外站	B-1	1/3×240MV·A	220kV: 3/6回; 110kV: 4/8回; 35kV: 4/12回	220kV: 双母线; 110kV: 双母线; 35kV: 单母线/单母线分段	35kV: 电容 4/4组	220kV: 户外悬吊管母线中型、HGIS双列布置; 110kV: 户外GIS, 全架空出线; 35kV: 户内开关柜双列布置	220kV、110kV及主变压器场地平行布置
AIS户外站瓷柱式断路器	C-1	1/3×180MV·A	220kV: 4/6回; 110kV: 6/12回; 35kV: 4/12回	220kV: 双母线; 110kV: 双母线; 35kV: 单母线分段/单母线三分段	35kV: 电容 3/3组	220kV: 户外支持管母线中型、全架空出线; 110kV: 户外支持管母线中型、全架空出线; 35kV: 户内开关柜单列布置	220kV、110kV及主变压器场地平行布置
	C-6	1/3×240MV·A	220kV: 4/8回; 110kV: 4/8回; 10kV: 12/36回	220kV: 双母线; 110kV: 双母线; 10kV: 单母线/单母线分段	10kV: 电容 5/5组	220kV: 户外软母线双列布置半高型、全架空出线; 110kV: 户外软母线进线改进半高型、全架空出线; 10kV: 户内开关柜单列布置	220kV、110kV及主变压器场地平行布置
AIS户外站罐式断路器	D-1	1/3×180MV·A	220kV: 4/6回; 110kV: 5/10回; 35kV: 4/12回	220kV: 双母线; 110kV: 双母线; 35kV: 单母线/单母线分段	35kV: 电容 3/3组	220kV: 户外悬吊管母线中型、罐式断路器单列布置、全架空出线; 110kV: 户外悬吊管母线中型、罐式断路器单列布置、全架空出线; 35kV: 户内开关柜单列布置	220kV、110kV及主变压器场地平行布置

附录3　基本模块、子模块汇总表

编号	典型方案编号	基本模块 模块编号	基本模块 项目名称	子模块 模块编号	子模块 项目名称
GIS 户外站	A1	A1-1-180ZB&35	180MV·A 主变压器及无功（变外无外）	A1-1-180ZB35-1	增减1台主变压器 180MV·A
		A1-2-240ZB&35	240MV·A 主变压器及无功（变外无外）	A1-2-240ZB35-1	增减1台主变压器 240MV·A
		A1-3-180ZB&66	180MV·A 主变压器及无功（变外无外）	A1-3-180ZB66-1	增减1台主变压器 180MV·A（双绕组66）
		A1-1-220	220kV 配电装置（户外双母线接线）	A1-1-220-1	增减1回 220kV 架空出线
		A1-1-110	110kV 配电装置（户外双母线接线）	A1-1-110-1	增减1回 110kV 架空出线
		A1-3-66&ZYD	66kV 配电装置及站用电（户外双母线接线）	A1-3-66-1	增减1回 66kV 架空出线
		A1-1-35&ZYD	35kV 配电装置及站用电	A1-35-L1	增减1回 35kV 电缆出线
		A1-1-ZKL	主控通信楼（不含配电室）	A1-1-35C-1	增减1组 35kV 电容器
		A1-2-ZKL	主控通信楼	A1-3-66C-1	增减1组 66kV 电容器
				A1-1-JDB-1	增减1组接地变及消弧线圈
				A1-1-35ZYB-1	增减1台 35kV 站用变压器
				A1-3-66ZYB-1	增减1台 66kV 站用变压器
GIS 户内站	A2	A2-1-180ZB&35	180MV·A 主变压器及无功（变内无内）	A2-1-180ZB35-1	增减1台主变压器 180MV·A
		A2-1-220	220kV 配电装置（线变组）	A2-5-180ZB66-1	增减1台主变压器 180MV·A（双绕组66）

编号	典型方案编号	基本模块		子模块	
		模块编号	项目名称	模块编号	项目名称
GIS户内站	A2	A2-1-110	110kV配电装置（单母线分段接线）	A2-1-110-L1	增减1回110kV电缆出线
				A2-5-66-L1	增减1回66kV电缆出线
				A2-1-35L-1	增减1组35kV电抗
		A2-5-66&ZYD	66kV配电装置及站用电（双母线接线）	A2-1-35C-1	增减1组35kV电容器
		A2-1-ZHL	生产综合楼		
		A2-4-240ZB&10	240MV·A主变压器及无功（变内无内）	A2-4-240ZB10-1	增减1台主变压器240MV·A10
		A2-6-240ZB&35	240MV·A主变压器及无功（变内无内）	A2-6-240ZB35-1	增减1台主变压器240MV·A（双绕组35）
		A2-4-220	220kV配电装置（双母线接线）	A2-4-220-L1	增减1回220kV电缆出线
		A2-4-110	110kV配电装置（双母线接线）	A2-4-10-L1	增减1回10kV电缆出线
				A2-4-10C-1	增减1组10kV电容器
		A2-4-10&ZYD	10kV配电装置及站用电（户内开关柜）	A2-4-10L-1	增减1组10kV电抗
				A2-4-10ZYB-1	增减1台10kV站用变压器
		A2-4-ZHL	生产综合楼（大）	A2-4-10JDB-1	增减1组10kV接地变压器及消弧线圈
GIS半户内站	A3	A3-1-180ZB&35	180MV·A主变压器及无功（变外无内）		
		A3-1-ZHL	生产综合楼1、2		
		A3-3-240ZB&35	240MV·A主变压器及无功（变外无内）		
		A3-3-ZHL	生产综合楼1、2		

编号		典型方案编号	基本模块			子模块	
			模块编号	项目名称	模块编号	项目名称	
HGIS户外		B	B-3-240ZB&66	240MV·A 主变压器及无功（变外无外）	B-1-240ZB35-1	增减 1 台主变压器 240MV·A.	
					B-3-240ZB66-1	增减 1 台主变压器 240MV·A（双绕组 66）	
			B-1-220	220kV 配电装置（户外悬吊管母中型）			
			B-3-66&ZYD	66kV 配电装置及站用电（户外、支持管母中型）	B-1-220-1	增减 1 回 220kV 架空出线	
					B-3-66-1	增减 1 回 66kV 架空出线	
			B-1-ZKL	主控通信楼（大）			
AIS户外瓷柱式断路器		C	C-1-220	220kV 配电装置（支持管母中型）	C-1-180ZB35-1	增减 1 台主变压器 180MW	
			C-1-110	110kV 配电装置（支持管母中型）	C-7-180ZB66-1	增减 1 台主变压器 180MV·A（双绕组 66）	
			C-7-66&ZYD	66kV 配电装置及站用电（支持管母中型）			
			C-1-ZKL	主控通信楼	C-4-240ZB35-1	增减 1 台主变压器 240MV·A	
			C-1-PDL	35kV 配电室	C-1-220-1	增减 1 回 220kV 架空出线	
			C-6-220	220kV 配电装置（软母改进半高型）	C-M10-1	增减 1 回 110kV 架空出线	

变电工程新造价指标及
其值预测研究

编号	典型方案编号	基本模块 模块编号	基本模块 项目名称	子模块 模块编号	子模块 项目名称
AIS户外瓷柱式断路器	C	C-6-110	110kV配电装置（软母改进半高型）	C-7-66-1	增减1回66kV架空出线
		G-8-220	220W配电装置（软母中型）	C-6-10C-1	增减1组10kV电容器
		C-6-ZKL	主控通信楼		
AIS户外罐式断路器	D	D-1-220	220kV配电装置（悬吊管母中型）	D-1-180ZB35-1	增减1台主变压器180MV·A
		D-1-110	110kV配电装置（悬吊管母中型）	D-2-240ZB66-1	增减1台主变压器240MV·A（双绕组66）
		D-2-66&ZYD	66kV配电装置及站用电（悬吊管母中型）	D-1-220-1	增减1回220kV架空出线
				D-1-110-1	增减1回110kV架空出线
		D-1-ZKL	主控通信楼	D-2-66-1	增减1回66kV架空出线

注：变外无内——变压器户外布置，无功补偿装置户内布置；变内无外——变压器户内布置，无功补偿装置户外布置。

附录4 典型方案通用造价指标一览表

金额单位：万元

典型方案编号	项目名称	建筑工程费	设备购置费	安装工程费	其他费用	静态投资	单位投资（元/kV·A）
A1-1	主变压器：户外，2/3×180MV·A 220kV：户外 GIS，4/6 回 110kV：户外 GIS，4/10 回 35kV：户内开关柜，4/12 回	1577	5028	1037	1203	8845	246
A2-1	主变压器：户内，2/3×180MV·A 220kV：户内 GIS，2/3 回 110kV：户内 GIS，8/12 回 35kV：户内开关柜，16/24 回	2847	4671	1083	1375	9976	277
A2-4	主变压器：户内，2/4×240MV·A 220kV：户外 GIS，4/10 回 110kV：户内 GIS，6/12 回 10kV：户内开关柜，28/28 回	3595	5852	1306	1709	12462	260
A3-1	主变压器：户外，2/3×180MV·A 220kV：户内 GIS，2/3 回 110kV：户内 GIS，8/12 回 35kV：户内开关柜，12/18 回	2277	4804	967	1264	9312	259

变电工程新造价指标及
其值预测研究

典型方案编号	项目名称	建筑工程费	设备购置费	安装工程费	其他费用	静态投资	单位投资（元/kV·A）
A3-3	主变压器：户外，2/3×240MV·A 220kV：户内 GIS，4/8 回 110kV：户内 GIS，6/12 回 35kV：户内开关柜，12/18 回	2259	6084	1129	1396	10868	226
B-1	主变压器：户外，1/3×240MV·A 220kV：户外 HGIS，3/6 回 110kV：户外 GIS，4/8 回 35kV：户内开关柜，4/12 回	1516	3770	1012	1189	7487	312
C-1	主变压器：户外，1/3×180MV·A 220kV：户外 AIS 柱式，4/6 回 110kV：户外 AIS 柱式，6/12 回 35kV：户内开关柜，4/12 回	1646	3193	1120	1398	7357	409
C-6	主变压器：户外，1/3×240MV·A 220kV：户外 AIS 柱式，4/8 回 110kV：户外 AIS 柱式，4/8 回 10kV：户内开关柜，12/36 回	2067	3215	1062	1391	7735	322
D-1	主变压器：户外，1/3×180MV·A 220kV：户外 AIS 罐式，4/6 回 110kV：户外 AIS 罐式，5/10 回 35kV：户内开关柜，4/12 回	1762	3510	1207	1431	7910	439

附录5 基本模块通用造价一览表

金额单位：万元

基本模块编号	项目名称	建筑工程费	设备购置费	安装工程费	其他费用	静态投资
A1-1-180ZB&35	180MV·A 主变压器及35kV 无功（变外无外）	178	1941	313	269	2701
A1-2-240ZB&35	240MV·A 主变压器及35kV 无功（变外无外）	199	2346	276	291	3112
A1-3-180ZB&66	180MV·A 主变压器及66kV 无功（变外无外）	87	961	92	129	1269
A1-1-220	220kV GIS 配电装置（户外双母线接线）	246	1656	209	214	2325
A1-1-110	110kV GIS 配电装置（户外双母线接线）	193	751	160	133	1237
A1-3-66&ZYD	66kV GIS 配电装置（户外双母线接线）及站用电	199	1571	225	209	2204
A1-1-35&ZYD	35kV 配电装置（户内开关柜）及站用电	157	399	120	94	770
A1-1-ZKL	主控通信楼	183	—	—	40	223
A1-2-ZKL	主控通信楼	866	—	—	190	1056
A2-1-180ZB&35	180MV·A 主要变压器及 35kV 无功（变内无内）	—	1971	432	260	2663
A2-1-220	220kV GIS 配电装置（户内线变组）	—	458	78	57	593
A2-1-110	110kV GIS 配电装置	—	1133	237	135	1505
A2-5-66&ZYD	66kVGIS 配电装置（户内双母线接线）及站用电	—	1658	243	172	2073
A2-1-ZHL	生产综合接	2087	—	—	454	2541
A2-4-240ZB&10	240MV·A 主变压器及10kV 无功（变内无内）	—	2575	630	309	2998

变电工程新造价指标及
其值预测研究

基本模块编号	项目名称	建筑工程费	设备购置费	安装工程费	其他费用	静态投资
A2-6-240ZB&35	240MV·A 主变压器及35kV 无功（双绕组 35\ 变内无内）	—	2059	630	309	2998
A2-4-220	220kV GIS 配电装置（户内双母线接线）	—	1570	209	159	1938
A2-4-110	110kV GIS 配电装置（户内双母线接线）	—	874	228	116	1218
A2-4-10&ZYD	10kV 配电装置（户内开关柜）及站用电	—	572	305	113	990
A2-4-ZHL	生产综合楼	2905	—	—	622	3527
A3-1-180ZB&35	180MV·A 主变压器及35kV 无功（变外无内）	107	2040	356	271	2774
A3-1-ZHL	生产综合楼 1、2	1612	—	—	347	1959
A3-3-240ZB&35	240MV·A 主变压器及35kV 无功（变外无内）	108	2366	363	294	3131
A3-2-ZHL	生产综合楼 1、2	1607	—	—	346	1953
B-3-240ZB&66	240MV·A 主变压器66kV 无功（变外无外）	249	2356	222	267	3094
B-1-220	220kV GIS 配电装置（户外悬吊母中型、双母线接线）	411	1155	321	243	2130
B-3-66&ZYD	66kV HGIS 配电装置（户外支持管母中型、双母线接线）	259	1866	470	291	2886
B-1-ZKL	主控通信楼	304	—	—	74	378
C-1-220	220kV AIS 柱式配电装置（户外支持管母中型、双母线接线）	399	825	377	232	1833
C-1-110	110kV AIS 柱式配电装置（户外支持管母中型、双母线接线）	372	552	285	188	1397

基本模块编号	项目名称	建筑工程费	设备购置费	安装工程费	其他费用	静态投资
C-7-66&ZYD	66kV AIS 柱式配电装置（户外支持管母中型、双母线接线）及站用电	419	796	381	235	1831
C-1-ZKL	主控通信楼	144	—	—	34	178
C-1-PDL	35kV 配电室	188	—	—	95	283
C-6-220	220kV AIS 柱式配电装置（户外软母改进半高型、双母线/双母线单分接线）	701	830	335	285	2151
C-6-110	110kV AIS 柱式配电装置（户外软母改进半高型、双母线接线）	577	410	209	205	1401
C-8-220	220kV AIS 柱式配电装置（户外软母中型、双母线接线）	701	813	319	280	2113
C-6-ZKL	主控通信楼	335			130	465
D-1-220	220kV AIS 罐式配电装置（户外悬吊管母中型、双母线接线）	397	1065	358	238	2058
D-1-110	110kV AIS 罐式配电装置（户外悬吊管母中型、双母线接线）	260	759	373	194	1586
D-2-66&ZYD	66kV AIS 罐式配电装置（户外悬吊管母中型、双母线接线）及站用电	404	994	471	258	2127
D-1-ZKL	主控通信楼	200	—	—	46	246

注：变外无外——变压器户外布置，无功补偿装置户外布置；变内无内——变压器户内布置，无功补偿装置户内布置

附录6 子模块通用造价一览表

金额单位：万元

类型	典型方案	子模块编号	项目名称	建筑工程费	设备购置费	安装工程费	其他费用	静态投资
GIS户内站	A1-1	A1-1-180ZB35-1	增减1台主变压器180MV·A	50	1087	110	133	1380
		A1-2-240ZB35-1	增减1台主变压器240MV·A	48	1235	90	138	1511
		A1-3-180ZB66-1	增减1台主变.压器180MV·A（双绕组变压器66kV侧）	47	1007	69	118	1241
		A1-1-220-1	增减1回220kV架空出线	5	217	25	25	272
		A1-1-110-1	增减1回110kV架空出线	3	93	21	14	131
		A1-3-66-1	增减1回66kV架空出线	2	88	20	13	123
		A1-1-35-L1	增减1回35kV电缆出线	0	19	15	6	40
		A1-1-35C-1	增减1组35kV电容器	12	69	26	15	122
		A1-3-66C-1	增减1组66kV电容器	12	177	24	23	236
		Al-1-JDB-1	增减1组接地变压器及消弧线圈	0	47	17	8	72
		A1-1-35ZYB-l	增减1台35kV站用变压器	0	38	17	7	62
		A1-3-66ZYB-1	增减1台66kV站用变压器	4	130	24	18	176
GIS户内站	A2-1	A2-1-180ZB35-1	增减1台主变压器180MV·A	—	1094	157	133	1384

类型	典型方案	子模块编号	项目名称	建筑工程费	设备购置费	安装工程费	其他费用	静态投资
GIS户内站	A2-1	A2-5-180ZB66-1	增减1台主变压器180MV·A（双绕组66）	—	1070	90	118	1278
		A2-1-110-L1	增减1回110kV电缆出线	—	92	16	12	120
		A2-5-66-L1	增减1回66kV电缆出线	—	87	17	12	116
		A2-1-35L-1	增减1组35kV电抗器	—	108	33	17	158
		A2-1-35C-1	增减1组35kV电容器	—	68	36	14	118
	A2-4	A2-4-240ZB10-1	增减1台主变压器240MV·A10	—	1234	217	156	1607
		A2-6-240ZB35-1	增减1台主变压器240MV·A（双绕组35）		1417	274	181	1872
		A2-4-10-L1	增减1回10kV电缆出线	—	10	0.7	2	19
		A2-4-10C-1	增减1组10kV电容器	—	62	19	9	90
		A2-4-10L-1	增减1组10kV电抗器	—	85	18	12	115
		A2-4-10ZYB-1	增减1台10kV站用变压器	—	17	15	5	37
		A2-4-10JDB-1	增减1组10kV接地变压器及消弧线圈	—	30	15	6	51
		A2-4-220-L1	增减1回220kV电缆出线	—	213	19	23	255
HG1S户外	B-1	B-1-240ZB35-1	增减1台主变压器240MV·A	155	1331	161	199	1846
		B-3-240ZB66-l	增减1台主变压器240MV·A（双绕组66）	166	1163	149	172	1650

类型	典型方案	子模块编号	项目名称	建筑工程费	设备购置费	安装工程费	其他费用	静态投资
HG1S户外	B-1	B-1-220-1	增减 1 回 220kV 架空出线	17	226	50	36	329
		B-3-66-1	增减 1 回 66kV 架空出线	7	103	62	25	197
AIS户外瓷柱式断移器	C-1	C-1-180ZB35-1	增减 1 台主变压器 180MV·A	117	1120	175	164	1576
		C-7-180ZB66-1	增减 1 台主变压器 180MV·A（双绕组 66）	338	998	168	199	1703
		C-4-240ZB35-1	增减 1 台主变压器 240MV·A	97	1238	182	170	1687
		C1-220-1	增减 1 回 220kV 架空出线	24	148	50	30	252
		C-1-110-1	增减 1 回 110kV 架空出线	6	69	35	16	126
		C-7-66-1	增减 1 回 66kV 架空出线	5	58	26	13	102
	C-6	C-6-10C-1	增减 1 组 10kV 电容器	10	62	20	13	105
AIS户外罐式断路器	D-1	D-1-180ZB35-1	增减 1 台主变压器 180MV·A	61	1036	172	136	1405
		D-2-240ZB66-1	增减 1 台主变压器 240MV·A（双绕组 66）	98	1108	181	151	1538
		D-1-220-1	增减 1 回 220kV 架空出线	30	201	42	34	307
		D-1-110-1	增减 1 回 110kV 架空出线	14	94	33	19	160
		D-2-66-1	增减 1 回 66kV 架空出线	6	49	34	14	103

参考文献

［1］路妍. 基于目标控制的电网工程造价动态管理模型研究［D］. 北京：华北电力大学，2016:97-103.

［2］王玲，彭道鑫，吴鸿亮. 电网企业投资全过程管控评价体系研究——基于二元语义的多属性决策分析［J］. 价格理论与实践，2020(5):106-109.

［3］王佼，刘艳春. 基于MLRA技术的变电工程造价新评价指标体系研究［J］. 数学的实践与认识，2016(8):117-124.

［4］夏华丽，汪景. 电网工程造价标准体系框架建设研究［J］. 企业管理，2016(12):70-71.

［5］孙霄. 基于灰色预测的建设工程造价指数分析研究［D］. 西安：西安建筑科技大学，2013.

［6］刘尚科，丁向阳，俱鑫，等. 某地区变电站全生命周期造价管理工程应用研究［J］. 西安理工大学学报，2019, 35(4):518-523.

［7］乔慧婷，文上勇，黄琰. 电网输电工程项目数据插补及造价预测融合模型［J］. 沈阳工业大学学报，2021, 43(5):481-486.

［8］王佼，石微. 输电工程造价指数构建及预测研究［J］. 价格理论与实践，2020(1):99-102.

［9］WANG J.Construction of Risk Evaluation Index System for Power Grid Engineering Cost by Applying WBS-RBS and Membership Degree Methods［J］. Mathematical Problems In Engineering,2020(8):1-9.

［10］YE X L.Logisitics cost management based on ABC and EVA integrated model.IEEE International Conference on Automation and Logistics［C］. Chongqing:IEEE Computer Society,2011:261-266.

变电工程新造价指标及
其值预测研究

［11］CHEUNG F,SKIMORE M.Application of cross validation techniques for modelling construction costs during the early design stage ［J］. Building and Environment,2006(41):1973-1990.

［12］WEN Z.Construction Project Cost Information Management Research ［J］.Advanced Materials Research,2014,919-921:1433-1436.

［13］YUSUF G A ,MOHAMED S F ,YUSOF Z M ,et al.Framework for Enhancing Cost Management of Building Services ［J］.Procedia -Social and Behavioral Sciences,2012,65:697-703.

［14］EMBLEMSVÅG J.Life-Cycle Costing:Using Activity-Based Costing and Monte Carlo Methods to Manage Future Costs and Risks ［M］. Hoboken:John Wiley&Sons，2007.

［15］聂振龙. 我国和英国建设工程造价管理的比较研究 ［J］. 建筑经济，2020, 41(10):4.

［16］AL-JIBOURI S H .Monitoring systems and their effectiveness for project cost control in construction ［J］. International Journal of Project Management，2003, 21(2):145-154.

［17］马忠苗.工程量清单计价在建设工程造价管理中的应用 ［J］. 价值工程，2010, 29(4):200.

［18］王绵斌，张洁，谢品杰. 基于工程量清单计价模式的输变电工程造价风险评估模型 ［J］. 电力建设，2012, 33(12):6.

［19］张毓萍. 工程项目全面造价管理 ［J］. 山西建筑，2010, 36(30):274-275.

［20］马力，丛旭辉. 政府公共工程项目投资风险测度及预警研究——基于COWA算子和非线性云物元模型 ［J］. 软科学，2018, 32(10):5.

［21］房芳，韩国豪，王允琪.“新基建”工程造价管理的难点及对策 ［J］. 建筑经济，2020, 41(2):74-76.

［22］张红标，颜斌. 工程造价管理型式发展研究 ［J］. 建筑经济，2021, 42(7):3.

[23] 徐璟怡.电力工程项目全过程造价控制探索 [J]. 企业管理, 2016(S1):2.

[24] 黄惠芳,李坚.输变电工程造价分析与控制策略 [J]. 陕西电力, 2009, 37(12):4.

[25] 梁跃清. 输变电工程设计阶段造价控制的问题及对策 [J]. 能源技术经济,2010, 22(2):6.

[26] SHAO Y G,XU J Z ,XIA Z Y.Analysis of Transmission Line Engineering Construction Stage Cost Management Problems [J]. Advanced Materials Research,2014, 850-851:1094-1097.

[27] GHARAIBEH H M.Managing the Cost of Power Transmission Projects:Lessons Learned [J] .Journal of Construction Engineering & Management,2013, 139(8):1063-1067.

[28] 崔金栋,郑鹊,周念成,等.基于大数据的智慧经济园区电网工程造价管理方法研究 [J] .科技管理研究, 2018, 38(6):9.

[29] 温艳芳. 电网工程造价的控制与管理 [J]. 电气传动,2020, 50(1):13.

[30] 孙永彦,杨晶.基于MVC的电网工程造价管理系统的开发与设计 [J].现代电子技术,2017, 40(22):3.

[31] ZHAO Z Y ,XUE B X .Construction change factors of direct current transmission line project and their impact on schedule and costs [C].2nd International Conference on Industrial and Information Systems. 2010.

[32] 卢艳超,郑燕,赵彪. 输变电工程外部环境影响分析 [J]. 中国电力,2012, 45(10):100-103.

[33] 王佼,丁莉. 500kV 架空输电线路工程造价主要影响因素分析 [J]. 东北电力大学学报,2012, 32(5):3.

[34] LIU J,ZHANG Y,DU Z Y,et al.Life cycle cost sensitivity analysis in AC transmission lines design [J].High Voltage Engineering,2010,

变电工程新造价指标及
其值预测研究

36(6):1554-1559.

［35］刘绮. 500kV输变电工程造价管理分析［J］.华东电力，2007，35(3):3.

［36］赵振宇，吕乾雷，游维扬，等. 农村电网35kV输电线路工程造价评价指标模型［J］.电网技术，2008, 32(14):5.

［37］王佼，丁乐群.基于输电工程造价关键影响因素的综合预测模型研究［J］.华东电力，2008, 36(11):3.

［38］张妍，齐霞，张岩，等.输电技改工程造价费用因子重要度分析［J］.工程经济，2017(1):11-15.

［39］王佼. 500kV变电工程造价主要影响因素分析［J］.工程管理学报，2012(6):4.

［40］康久兴，艾利盛，张喜荣，等.变电站工程造价影响因素分析［J］.东北电力大学学报，2011, 31(5):6.

［41］LI H, ARDITI D, WANG Z.Factors That Affect Transaction Costs in Construction Projects［J］. Journal of Construction Engineering & Management, 2013, 139(1):60-68.

［42］余涛，冯斌等.宁夏境内特高压直流输电设备大数据智能管控应用研究［J］.西安理工大学学报，2019, 35(4):512-517.

［43］刘文军，仇彦军，孙立臣. 500kV输电线路杆塔接地网不同环境下优化降阻方案研究［J］.电力系统保护与控制，2018, 46(13):9.

［44］李敬如，赵彪，史雪飞，等.输变电工程综合造价指数分析方法［J］.能源技术经济，2010, 22(11):5.

［45］陈洁，侯凯，高晓彬.输变电工程造价合理性评价方法研究［J］.南方电网技术，2016, 10(8):7.

［46］周圣栋，解蕾，宋若晨，等.基于BIM的变电站数字化建设管控平台构建及应用［J］.中国电力，2019, 52(5):6.

［47］耿鹏云，安磊，王鑫.基于数据挖掘技术的输电工程造价预测模型的建立与实现［J］.现代电子技术，2018, 41(4):4.

[48] 彭光金.小样本工程造价数据的智能学习方法及其在输变电工程中的应用研究［D］.重庆：重庆大学，2010.

[49] 任宏，周其明.神经网络在工程造价和主要工程量快速估算中的应用研究［J］.土木工程学报，2005，38(8):135-138.

[50] 凌云鹏，阎鹏飞，韩长占，等.基于BP神经网络的输电线路工程造价预测模型［J］.中国电力，2012(10):95-99.

[51] 梁喜，刘雨.基于模糊神经网络的建筑工程造价预测模型［J］.技术经济，2017，36(3):109-112.

[52] 孙安黎，向春，伍焓熙.基于BP神经网络的输电线路工程造价预测模型研究［J］.现代电子技术，2018，41(2):79-82.

[53] 于志恒.基于智能理论的交通流量组合预测模型研究［D］.长春：东北师范大学，2016.

[54] 韦俊涛.电力工程造价小样本估算模型研究［D］.重庆：重庆大学，2009.

[55] 俞集辉，韦俊涛，彭光金，等.基于人工神经网络的参数灵敏度分析模型［J］.计算机应用研究，2009(6):2279-2284.

[56] 安磊，张洁，齐霞，等.基于随机森林输变电线路工程造价估算研究［J］.控制工程，2016，23(11):1841-1844.

[57] 刘良，姜光伟，孙杨，等.基于SSA-LS-SVM的高纬度严寒地区变电站LCC预测模型［J］.智慧电力，2020，48(6):54-60.

[58] 肖立华，张博，胡伟，等.基于机器学习的电网工程量计价预测模型［J］.沈阳工业大学学报，2021，43(3):6.

[59] LESTER A.Project Management,Planning and Control［J］.project management planning & control,2007(87):100-116.

[60] 刘思聪，周步祥，宋洁，等.基于权重系数的变电工程造价敏感性分析［J］.水电能源科学，2018，36(2): 200-203.

[61] LI F P,WANG H L.Study on Forecast of Tianjin Construction Cost Indices Based on ARIMA Model［M］.Berlin :Springer Berlin

变电工程新造价指标及
其值预测研究

Heidelberg, 2013.

［62］王丹，雷艳红，黄永兴，等. 马尔科夫链在综合造价指数预测中的
应用［J］. 电网技术，2014, 35（2）：193-197.

［63］SHAHANDASHTI S M,ASHURI B.Forecasting Engineering News-
Record Construction Cost Index Using Multivariate Time Series
Models［J］.Journal of Construction Engineering & Manageme
nt,2013,139(9):1237-1243.

［64］LI W Q ,LI F,YANG Y X.Study on Forecast of Engineering Project
Cost Using Single Regression Method［J］. Applied Mechanics &
Materials, 2013, 357-360:2610-2613.

［65］HWANG S.Time Series Models for Forecasting Construction Costs
Using Time Series Indexes［J］. Journal of Construction Engineering &
Management, 2011, 137(9):656-662.

［66］王绵斌，张妍，耿鹏云，等. 基于优化正交偏最小二乘法的变电站
全寿命周期成本预测分析［J］. 智慧电力，2020, 48(5):119-124.

［67］FENG K,WU X,CAI L.Application of RS-SVM in Construction
Project Cost Forecasting［C］. International Conference on Wireless
Communications.2008.

［68］杨永明，王燕，范秀君，等. 基于灰关联一神经网络的电力工程造
价估算［J］.重庆大学学报：自然科学版，2013, 36(11):6.

［69］王佼. 输电工程造价指标构建及指标值预测研究［D］.沈阳：辽宁
大学，2018.

［70］NIU D X,HUA F Y,LI B J,et al.Research on Neural Network Prediction
of Power Transmission and Transformation Project Cost Based
on GA-RBF and PSO-RBF［J］. Applied Mechanics & Materia
ls,2014,644-650:2526-2531.

［71］王佼，刘艳春. 应用灰关联分析的PSO-SVR工程造价预测模型
［J］.华侨大学学报：自然科学版，2016, 37(6):708-713.

[72] 俞敏，王愿翔，闫园，等. 架空线路改造工程造价的组合预测方法 [J]. 电力科学与技术学报，2020, 35(1):24-30.

[73] 吴学伟. 住宅工程造价指标及指数研究 [D]. 重庆：重庆大学，2009.

[74] 尹贻林.中国内地与香港工程造价管理比较 [M]. 天津：南开大学出版社，2002.

[75] 徐蓉. 工程造价管理 [M]. 上海：同济大学出版社，2014.

[76] 金洪生. 对项目投资"静态控制，动态管理"方法的探索 [J]. 水利规划与设计，2000(3):45-47.

[77] KISHK M,A1-HAJJ A.A Fuzzy Approach to Model Subjectivity In Life Cycle Costing [J]. The University of Salford. 2010(3):270-280.

[78] 齐艳，马建光，冯志先. 水利工程静态控制和动态管理的投资控制模式 [J].海河水利，2009(5):42-44.

[79] 王文静.价值工程在建设项目全生命周期造价管理中的应用研究 [D].武汉：武汉理工大学，2005.

[80] 樊博琅. 军队建设项目全过程造价管理研究及其应用 [D]. 重庆：重庆大学，2007.

[81] 马楠，马永军，张国兴. 工程造价管理 [M].北京：机械工业出版社，2014.

[82] 郭荣.对招标投标工程价格的探讨 [J].江西建材，2013(2):30-33.

[83] 戚安邦. 工程项目全面造价管理 [M].天津：南开大学出版社，2000.

[84] AYADI O,AL-ASSAD R,AL-ASFAR J.Techno-economic assessment of a grid connected photovoltaic system for the University of Jordan [J]. Sustainable Cities & Society, 2018(39):93-98.

[85] AYODELE T R,OGUNJUYIGBE A.Wind energy potential of Vesleskarvet and the feasibility of meeting the South Africans SANAE IV energy demand [J]. Renewable & Sustainable Energy Reviews,

变电工程新造价指标及
其值预测研究

2016,56:226-234.

［86］BHARGAVA A,LABI S,CHEN S,et al. Predicting Cost Escalation Pathways and Deviation Severities of Infrastructure Projects Using Risk‐Based Econometric Models and Monte Carlo Simulation ［J］. Computer‐aided Civil & Infrastructure Engineering,2017,32(8):620-640.

［87］揭贤径. 风电建设项目全过程造价管理研究［D］. 大连：大连海事大学，2013.

［88］郭崇，王征. 基于物联网和大数据的电力工程造价分析［J］. 工程经济，2015 (11):5.

［89］夏华丽，汪景. 电网工程造价标准体系框架建设研究［J］. 企业管理，2016(S1): 70-71.

［90］竹雅东. 基于BIM在建设工程造价管理中的适用性分析［J］. 劳动保障世界，2018, 1.(3):52.

［91］王捷，吴国忠，李艳昌. 蚁群灰色神经网络组合模型在电力负荷预测中的应用［J］. 电力系统保护与控制，2009, 37(2):48-52.

［92］HONG W C,DONG Y, ZHENG F,et al. Forecasting urban traffic flow by SVR with continuous ACO［J］. Applied Mathematical Modelling, 2014, 35(3):1282-1291.

［93］CHAN K Y, DILLON T S,SINGH J,et al.Traffic flow forecasting neural networks based on exponential smoothing method［C］. Industrial Electronics & Applications,2011.

［94］袁景凌，李小燕，钟珞. 遗传优化的灰色神经网络模型比较研究［J］.计算机工程与应用，2010(2):41-43.

［95］WEI G B ,WEI W ,YAO H U .A Traffic Congestion Flow Range and Congestion Prediction Method［J］.Journal of Guizhou University(Natural Sciences), 2012(5):763-772.

［96］SHI Z ,HAN M.Support Vector Echo-State Machine for Chaotic Time-

Series Prediction［J］. IEEE Press,2007,18(2):359-372.

［97］BOTO-GIRALDA D,DIAZ-PERNAS F J,GONZALEZ-ORTEGA D,et al.Wavelet-Based Denoising for Traffic Volume Time Series Forecasting with Self-Organizing Neural Networks［J］. Computer‐Aided Civil and Infrastructure Engineering, 2010,25(7):530-545.

［98］刘福潮，刘子介，解建仓. 基于事例推理的电网事故处理模式的研究［J］.西北电力技术，2005, 33(5):6.

［99］季咏梅，吴东平，彭瀛，等. 变电工程造价影响因素分析——基于SPSS软件主成分分析法［J］. 经营与管理，2014(2):125-130.

［100］方向，张旺，凌俊斌.粗糙集理论在输变电工程造价风险评价指标体系优化中的应用［J］.土木工程与管理学报，2015, 32(4):40-47.

［101］肖俊晔，郝晓玲，汤晓茜，等.基于主成分分析的电力工程造价影响因素［J］.经营与管理，2014(3):128-133.

［102］杨中宣，杨洋洋. 基于SPSS的河南省建筑业发展影响因素分析［J］. 工程经济，2016, 026(010):52-55.

［103］宋嘉璇. 提高水厂泵站配电系统功率补偿的实效性分析［J］. 林业科技情报，2016, 48(2):67-69.

［104］王佼. 输电工程造价指标及其值预测研究［M］. 北京：科学出版社，2020.

［105］陈良美.建筑新技术评价模式及指标体系设计研究［D］.重庆：重庆大学，2005.

［106］陈莉. 节能省地型住宅综合评价研究［D］.武汉：武汉理工大学，2009.

［107］袁冰. 住宅建筑节能综合评价体系研究［D］. 西安：安建筑科技大学，2008.

［108］戴朝晖，高立业，刘秀霞.水电工程造价体系中基础数据采集分析及格拉布斯判别法的应用［J］.中国工程咨询，2011(11):39-41.

［109］崔文琴，黄丽艳. 浅谈工程计价指数［J］. 中国城市经济，

2011(12):211-212.

[110] 于志恒.基于智能理论的交通流量组合预测模型研究［D］.长春：东北师范大学，2016.

[111] 刘玲，谢瑞芳.大数据背景下工程造价信息资源共享研究［J］.建筑经济，2016, 37(1):49-51.

[112] LEE C M,KO C N.Time series prediction using RBF neural networks with a nonlinear time-varying evolution PSO algorithm［J］. Neurocomputing, 2009, 73(1-3):449-460.

[113] 宋宗耘，牛东晓，肖鑫利，等.基于改进萤火虫算法优化SVM的变电工程造价预测［J］.中国电力，2017, 50(3):168-173.

[114] 汤俊，邹自力，张晓平.利用经验模态分解和LSSVM预测隧道不均匀沉降［J］.测绘科学，2011, 36(3):3.

[115] 刘卫东，石华军,路妍，等.基于ARIMA-ES混合模型的电网工程造价指数预测［J］.管理评论，2016, 28(3):45-53.

[116] 邓聚龙.灰理论基础［M］.湖北：华中科技大学出版社，2002.

[117] 仲勇，陈智高，周钟.大型建筑工程项目资源配置模型及策略研究——基于系统动力学的建模和仿真［J］.中国管理科学，2016, 24(3):125-132.

[118] 郦滢，兰惠清，林楠，等.基于小波变换的GM(1,1)-ARMA组合预测模型对悬索管桥的应变预测［J］.应用科学学报，2016, 34(1):95-104.